U0854566

《环境设计专业教育研究》编委会

主　编：吴宗建　郑　欣　翁威奇

副主编：陈薇薇　李女仙　黄　鑫　朱　贺

编　委（按姓氏拼音排序）：

冯　悦　何新闻　胡朝晖　戚芳妮

环境设计专业

教育研究

Environmental Design

吴宗建　郑　欣　翁威奇　主　编

暨南大學出版社
JINAN UNIVERSITY PRESS

中国·广州

图书在版编目（CIP）数据

环境设计专业教育研究/吴宗建，郑欣，翁威奇主编 . —广州：暨南大学出版社，2017. 8
ISBN 978 – 7 – 5668 – 2145 – 4

Ⅰ. ①环… Ⅱ. ①吴…②郑…③翁… Ⅲ. ①环境设计—教育研究 Ⅳ. ①TU – 856

中国版本图书馆 CIP 数据核字（2017）第 165282 号

环境设计专业教育研究

HUANJING SHEJI ZHUANYE JIAOYU YANJIU

主　编：吴宗建　郑　欣　翁威奇

出 版 人：徐义雄
策划编辑：郑向农　黄圣英
责任编辑：颜　彦
责任校对：彭　睿
责任印制：汤慧君　周一丹

出版发行：暨南大学出版社（510630）
电　　话：总编室（8620）85221601
营销部（8620）85225284　85228291　85228292（邮购）
传　　真：（8620）85221583（办公室）　85223774（营销部）
网　　址：http：//www. jnupress. com
排　　版：广州良弓广告有限公司
印　　刷：广州天虹彩色印刷有限公司
开　　本：850mm × 1168mm　1/16
印　　张：10
字　　数：270 千
版　　次：2017 年 8 月第 1 版
印　　次：2017 年 8 月第 1 次
定　　价：56. 00 元

（暨大版图书如有印装质量问题，请与出版社总编室联系调换）

前　言

环境设计是艺术设计学科的重要组成部分，其以建设理想的栖居环境为核心，涵盖城市规划、建筑和生态环境等领域的内容，又与经济发展、社会制度、意识形态和人类行为紧密联系。经济的高速发展促进了环境设计专业的日新月异，艺术风格层出不穷。

目前中国经济从高速发展向中高速回落，进入新常态时期。在新常态下，经济发展有所放慢，但设计的思考没有停滞，理论思潮新颖活跃。在这样的形势下，艺术设计教育者更要思考在新常态下如何培养准设计师们，为社会输送适合时代发展的专业人才。

教育本身就是一种演变、锤炼的过程，某种程度上学生就是结果，教师则是这一结果的直接推动力。作为教育者，首先要迈出探知的第一步，解放被束缚的思想，而束缚思想的正是我们认为成功的已知经验和被神化的权威。因此教育者要有科学的精神，敢于对以往经验提出不同的看法，不断研究创新。在教学当中有三个重点，一是教育者要帮助学生树立独立的思想，培养学生独立思考的习惯，引导学生正视现实问题，提高其处理现实问题的能力；二是要改变教师与学生之间传统的授与学的思路，培育与学生共同探讨的学术精神和民主机制；三是在培养过程中既要提升理论高度又要加强学生的实践动手能力，这就要求教师既是教育者，同时也是设计的实践者。

本书编录了华南农业大学环境设计专业师生近几年来的教学与实践的部分成果，对教学进行总结和思考，希望让更多的同行了解以农业学科为优势、生命学科为特色的艺术设计教育的探索与发展之路，从而得到更好的指导。

我们期望本书的出版起到抛砖引玉的作用。

编　者
2017 年 7 月

目　录

第一部分

教学论文

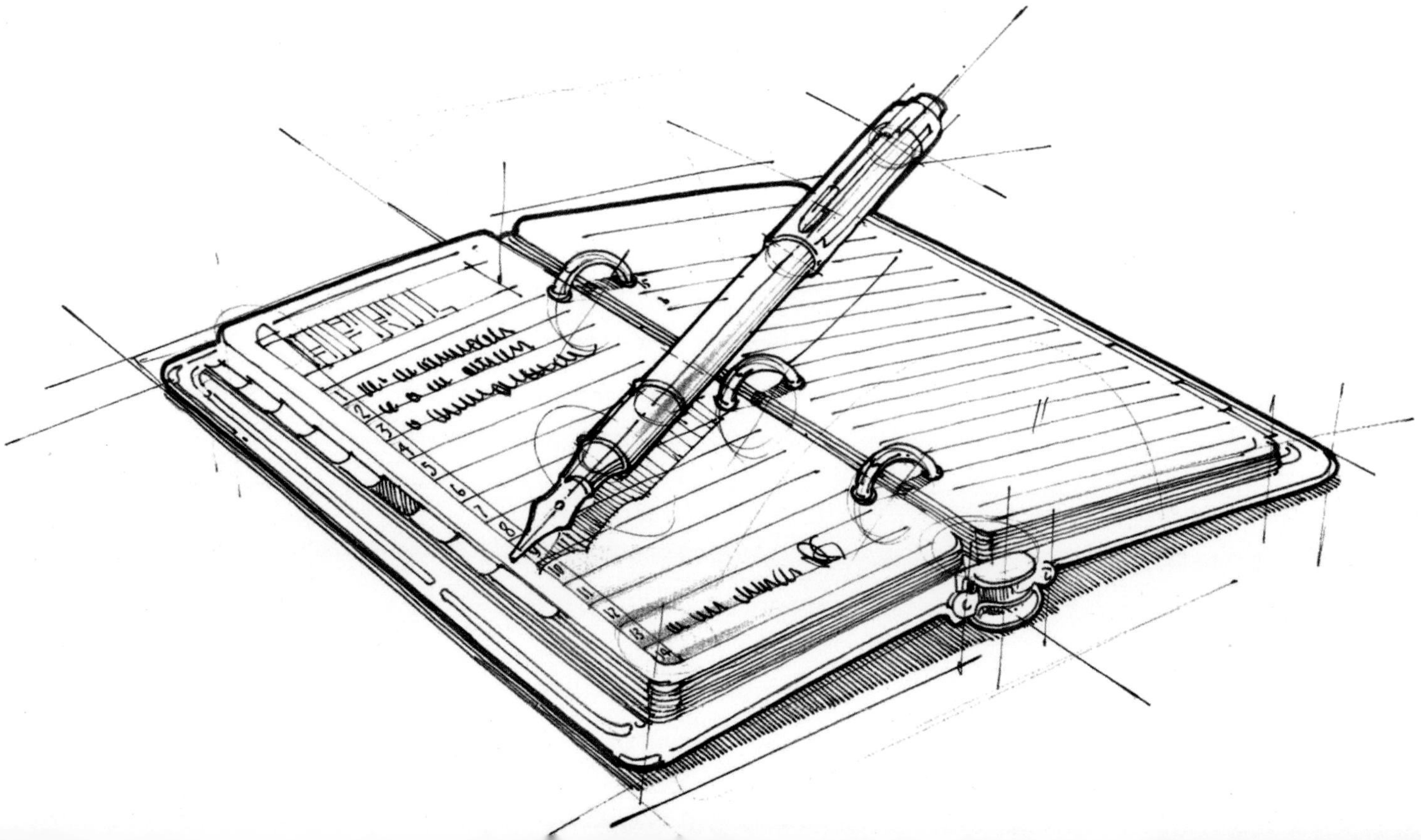

设计类专业“三点一面”实践教学平台的构建与实施

郑 欣[①]

“重实践、强应用”是设计类专业的重要特性，因而国内外一流设计院校都将提升设计应用能力作为培养本科生的最重要目标。就设计类专业而言，实践教学是各专业日常教学的重要组成部分，对高素质应用型、创新型设计人才的培养起着举足轻重的作用。针对设计类专业特点，探索多维实践教学平台的构建和实践，可以整合多种实践教学模式，探讨不同模式之间的分工和交互作用。探讨教师讲授与企业设计师帮带相结合、学校创新性项目与企业实际课题相配合、设计实践课程与国内外设计竞赛相组合的实践教学模式，将会显著提高学生的创新意识和实际课题的设计能力，从而实现在专业内部各方向之间、各相关专业之间、专业与校外相关产业之间的相互开放、相互渗透、优势互补、资源共享，给学生提供更多、更实际的实践平台，使学生的实践创新能力得到全面的锻炼。

一、当前设计类专业实践教学存在的问题

设计艺术教育不同于纯艺术教育，除了注重对学生个性创造和艺术表现能力的培养外，还应注重对学生技术能力、市场及行业运作经验的培养，实践教学是设计教学的重要过程或手段。目前在我国高等院校设计类专业实践教学过程中，虽然也注重通过基本训练使学生掌握基本知识、基本方法和基本技能，并鼓励学生自行设计方案，自主研究探索，独立思考创新，但由于硬件条件的限制或教学观念的滞后等原因，不少高校设计类专业的实践教学仍然较为薄弱，人才培养模式及目的还没有很好地实现，在实施的过程中常出现一系列问题，设计艺术专业实践教学环节发展现状远远落后于高校所定的培养目标，存在着实践环节不系统、多个环节孤立进行和流于形式等问题。不少高校设计类专业的教学大多停留在课内外的手绘表现和计算机表现上，主要侧重的还是造型教育，设计作品更多停留在艺术感觉的审美层面，与社会、行业及消费者的实际需求相差甚远。鉴于此，通过搭建科学合理的实践教学平台，有效实施实践教学来改变上述脱离实际、脱离生产、脱离社会的局面已成为目前设计艺术教育的当务之急，探讨高校设计类专业教学实践平台的构建对设计教育乃至经济发展都有益处。

二、设计类专业“三点一面”实践教学平台的构建与实施

设计类专业“三点一面”实践教学是指通过构建实验室、学生工作室、学生创新工作室和“产、学、研”平台进行人才实践能力的培养。实验室培养主要将艺术设计的前期调研、设计分析、创意草图、效果图和产品模型联系起来，培养学生的系统设计能力，并提升学生对理论的理解能力。学生工作室的构建主要让学生跟着导师学习如何完成横向项目并参加设计竞赛，以此培养学生的理论联系实践能力。从学生工作室中选拔优秀学生进入学生创新工作室，以培养学生的高层次应用能力。“产、

① 作者简介：郑欣，华南农业大学艺术学院教授，高级环境设计师。

学、研”平台主要是在生产与经济系统中锻炼学生的人员组织、项目管理等实践能力。学生通过“三点一面”实践教学平台，逐步接触生产实践，锻炼其理论联系实际能力，并在此过程中提升个人的艺术设计创新能力。

专业实验室培养主要完成前期基础理论教学与实践教学的结合，使较抽象的理论知识转变为直观的设计认知。在实验室培养中，主要需实施四方面工作：第一，完善实验室规范，明确实验室的各类管理制度、操作规范、安全规范等，使实验室保持高度规范的运作状态；第二，加强理论与实践的对接工作，要求专业教师、实验室人员或外聘人员亲自动手操作，讲解理论如何转化为作品，并跟踪学生的操作流程；第三，完善各类设备建设，以国内外知名院校的实践教学设备为对象，购置应用型人才培养所需的教学设备；第四，强化对各类实验技术的掌握与应用，使学生能将数据获取、市场分析等高级设计技术应用于艺术设计实践。

学生工作室的构建主要是为了老师带领学生完成企业实际项目、设计竞赛等课题。“工作室”的艺术设计人才培养模式最早出现在欧洲。1919 年，德国魏玛建立的国立包豪斯设计学院开创了现代设计教育的先河，其“知识与技术并重，理论与实践同步”的教育体系至今都影响着世界设计教育。在欧洲设计艺术院校的工作室制教学中非常注重与现实的实践项目相结合，由专门的技术人员负责学生技术方面的教学，学院有相对独立的工作室。国外的设计艺术水平一直处于领先地位，这和他们的工作室制人才培养模式的应用和推广是分不开的。在艺术设计人才培养中，部分实践能力只有跟着老师学习才能顺利获得。设计类专业学生工作室可采用学生自主学习为主、导师引导为辅的制度，在实施中完成六方面工作。其一，建立统一的学生工作室规范，对学生的准入、退出、选拔标准，日常规范，考核体系等内容作出明确规定，使工作室在高度有序的状态下运行，进而督促老师、学生双方出成果。其二，加强学校教育与市场对接，为学生的课程学习选择合适的社会实践课题，使学校教育与市场需求保持密切联系。其三，学生在导师带领下参加国内外艺术设计竞赛，拓展个人的艺术设计事业，增强自身的设计实践能力。其四，学生参与导师的企业横向项目，在此过程中，从学校教育层面促使学生从理论向实践转化。其五，加强工作室内外的交流工作，扩大工作室示范建设。扩招以来，由于教学条件的限制，不可能让全部学生都进入工作室学习，因而需要通过这些进入工作室学习的学生将最新成果传输给其他同学，以提升所有同学的设计能力。其六，工作室需要加强与兄弟院校的合作关系，以互通有无，取长补短，提升学生的专业应用能力。

学生创新工作室的构建旨在培养高水平应用型艺术设计人才。其从学生工作室中选择优秀人才，进入以导师为主导的创新工作室学习，多位导师共同为学生提供各类培训与服务。为了高效地培养这些学生，需要从以下几个方面开展工作。首先，需要完善创新工作室制度，完善学生的准入、退出、选拔标准，日常规范，考核指标等制度。其次，建立设计管理学习制度，让学生在理论学习和实际项目中担任学生负责人，从而理解项目的设计流程、资源管理方法、艺术设计决策等内容，为今后走向设计部门的领导岗位奠定基础。再次，强化学生培训，将学生创新工作室的学习内容传递给各学生工作室。紧接着需要建立艺术设计网络交流平台，让所有学生可以基于该平台发表个人见解与作品，并参与讨论，从而营造浓厚的学习氛围。再者，需要开展系统性创新思维训练活动，以提升学生的创新设计思维能力，使之能创造性地解决实践问题。此外，还需针对难度较大的艺术设计问题，开展技术攻关活动，以进一步提升学生的创新设计能力。最后，还需要帮助学生申请实用发明专利，进一步培养其创新设计能力。

在专业实践活动中，建立学生工作室和学生创新工作室，采用教师指导、学生自治、优胜劣汰的原则，让学生通过参与实际课题，丰富实践经验，提前接受职业锻炼，培养动手能力、团队协作能力与竞争能力，不仅有利于保持实践经验和知识的延续性，提高实践教学的效率，还有利于刚入校的学生参与专业实践，获取更多的专业实践经验。

构建“产、学、研”平台培养设计人才，探讨不同模式之间的分工和交互作用，可以从课内、课外、校外三个方面着眼，搭建设计专业的实践教学平台。“产、学、研”平台打破传统教学模式，走校企结合之路，开发社会资源，拓展学生的就业途径。学生在设计的实践中会不断遇到新的问题，可以在“产、学、研”平台的实践中获得解决，从而使其素质和设计层次获得提高。通过实践，学生贴近专业、贴近企业、贴近市场、贴近社会，解决现实设计问题的责任感将会大大增强。“产、学、研”平台的建设需选择具有一定规模和实力、有市场特色、有合作诚意的设计公司和大、中型企事业单位，并与他们建立长期友好合作关系，通过校企合作，探讨生产性实训方式，并紧密结合地方经济和社会发展需求，引进企业行业设施、技术、师资，共建专业实训基地，达到优势互补、合作共赢的目的。

“产、学、研”平台合作培养的实施体现在以下四个方面：一是在教学内容上结合现实的设计项目需求，有意识地在设计实践中渗透新科学、新技术、新工艺；二是在教学方式上建立实训中心、教学基地；三是在教学过程中由校内向校外，由教室向生产现场延伸；四是在教学效果上通过嫁接、转化、推广和应用新科技、新工艺，培养出具有组织项目设计能力和创新能力的高素质设计者，同时创造社会效益和经济效益，进而促进设计类专业教学向更高层次发展。

构建“三点一面”实践教学平台的指导思想是把提高学生实践能力作为培养设计类专业应用型、创新型人才的着力点，从而使专业培养目标及办学理念得以贯彻实施。学生通过“三点一面”实践教学平台，能扎实地学到本专业及以外的理论知识，掌握更为广泛的专业技能，接触更多的实际项目，获得更多的实战训练。

基于“三点一面”实践教学平台的艺术设计实践教学的构建与研究，以专业教学为主体，以实践教学平台为依托，以实际应用的形式在“三点一面”实践教学平台完成专业设计课程项目，符合综合性大学设计类专业培养应用型、创新型人才的要求，可行性强，有很强的应用价值。它的建立顺应了时代发展的需要，是设计类专业人才培养的新模式。

参考文献

1. 孙红阳. 艺术设计教育中的实践教学方法探索［J］. 装饰，2004（10）.
2. 李森. 艺术设计教育文集［M］. 昆明：云南大学出版社，2008.

可持续发展建筑设计中乡土材料应用的社会性考量
——新会区陈皮村大型竹建筑设计实践及思考

吴宗建①

一、乡土材料应用的本土实践

新会陈皮村项目位于广东省江门市新会区，面积约为10万平方米，于2013年7月开始施工，当年11月完工，是一个将工业厂房改造成集陈皮（当地的土特产）文化展示、陈皮交易和仓储、旅游、住宿以及餐饮等功能于一体的大型商业项目②（图1）。项目设计之初，围绕着下面问题展开讨论：①四个月时间完成4万平方米的厂房改造；②让场所彰显陈皮产品背后的乡土文化；③利用厂房大空间的优势；④依托厂房的钢结构，同时还要尽可能减轻新加在厂房结构上的材料重量。上述问题最终的焦点还是落在建造与装饰的材料选用上。经过对比分析，用当地的竹材对厂房进行改造成为解决上述问题的最佳方案。

项目使用近130万根当地毛竹建造，竹子主要应用在新建入口竹建筑群、厂房外立面和室内装饰上（图2）。竹子可塑性强，韧性极佳，便于施工，许多高难度的造型和大跨度的拱，对竹子稍作加工即可一次成型。考虑到当地台风较多，设计师先用工字钢做了简单的柱梁结构，而复杂的结构、建筑的围合和装饰，均用竹子合三为一，此举大大节省施工时间。用竹材建成的陈皮村入口竹建筑，脱胎于传统乡土建筑的形态，在造型上具有较大的独特性和时代的特征，看似熟悉却又新异，给观众留下很深的印象（图3）。相对国外设计师使用的精致金属接点或在竹中注入混凝土的昂贵做法，陈皮村竹建筑连接点采用传统的铅丝、麻绳捆绑和钢钉固定方式，达到安全、经济、易操作的目的。

防火、防虫、防腐是竹建筑的主要问题，项目通过涂刷化学药剂和用石灰、焦油来隔断空气以解决防虫防腐问题。竹子的外表有一层天然的硅盐防护层，这使竹子比木头耐燃，在进行防火涂层的处理后，其防火可进一步达到B1级防火标准。项目同时在室内竹天花的上面和下面设计了双层消防喷淋系统，这些措施使竹材完全满足公共场所消防的要求。

竹材具有天然的环保特性，结合因地制宜的运用和艺术创新，可使项目最大限度地满足可持续发展要求（图4）。

---

①　作者简介：吴宗建，华南农业大学艺术学院副教授，高级环境设计师。

②　该处原状是九间近10万平方米的工业铁皮厂房，由于制造业的转移，厂房已空置了两年。

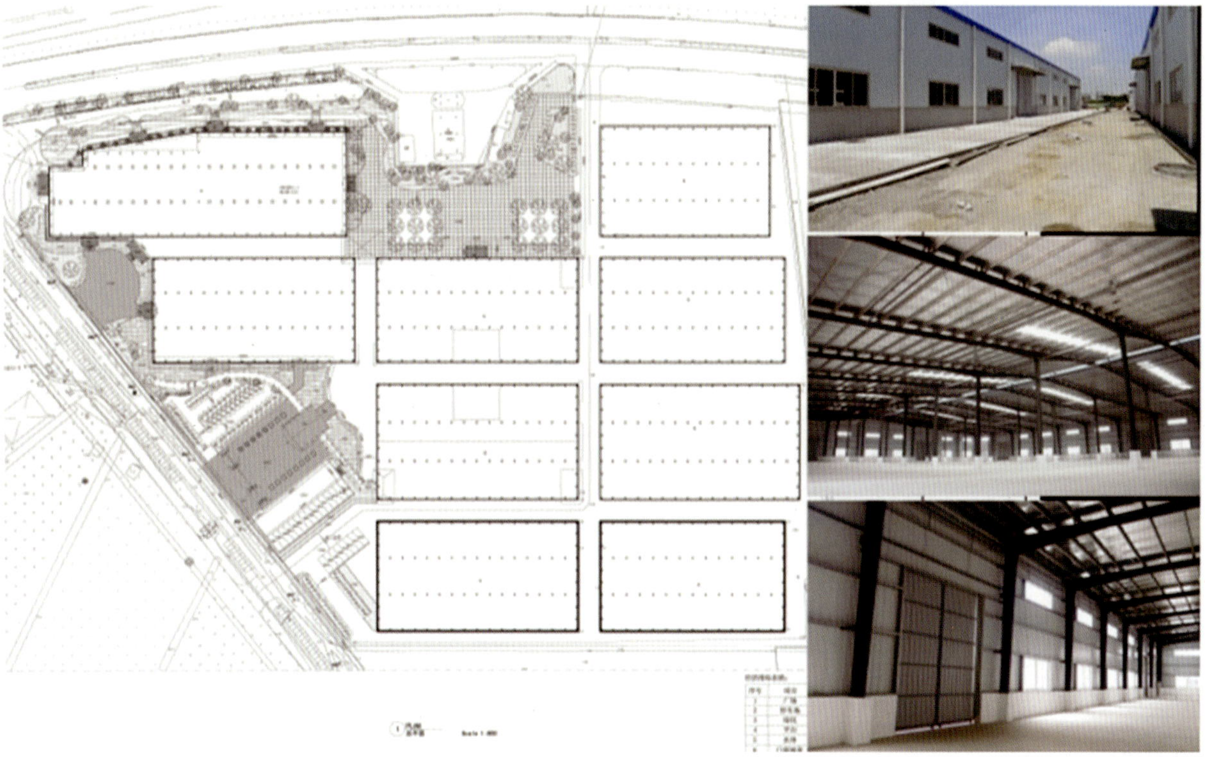

图1　陈皮村项目原状

图2　陈皮村总体规划效果图

图 3　陈皮村入口竹建筑结构

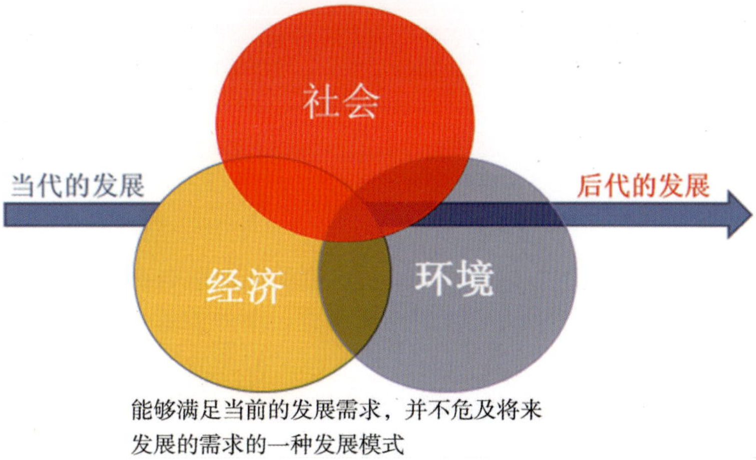

图 4　可持续发展的核心理念

二、陈皮村项目竹材应用的社会性考量

1．基于文化认同与创新应用衍生的附加值

给顾客提供一种新奇感，始终是一个以体验消费为特色的商业项目追求的焦点。由某建筑设计公司设计的新会陈皮村的第一次方案采用钢结构、混凝土、仿古门窗、青砖灰瓦等材料在厂房的外围仿造了一圈明清建筑群（图 5）。这样的明清建筑在全国许多风情街、仿古街中屡见不鲜，反映了设计者尝试用文化提升建筑认知上的惰性思维。新会属于五邑侨乡，在近代，该地区的华侨将西方建筑文化的样式传回家乡，促使东西方建筑文化的民间交融，大量带有西方建筑样式的碉楼、骑楼与传统的中

式建筑相互影响，形成带有强烈地域特色的乡土建筑，这种风格多元的建筑组合比明清仿古建筑更能突出五邑地区的地域特色。然而，值得注意的是，地域性文化对该地区的人来讲既有文化上的认同感，也存在审美的疲劳，而因为旅游和媒体的发达，非本地人对这类地域性文化也不以为奇。因此，完全模仿已有的建筑样式，难免会显得陈旧、枯燥。如果完全营造一种与当地文化没有联系的新奇事物，则既昂贵又不易被大众接受。

图5　第一次方案效果图

竹作为建筑及生活用品的材料，在岭南地区被长期使用，竹材本身的观感和天然的质感更能反映自然的本色，也容易引起人们对历史文化和场所的认同感。新的方案①以竹为建造和装饰的主材，在竹材被普遍认同的文化姿态基础上，打破材料与建筑形态间传统的固定搭配，并对其进行异变、改良和提升，形成新的组合。多元的建筑风格——既有西方的也有东方的，包括古典的和现代的元素——难免会给人一种杂乱的视觉感受，但使用了竹材进行建造和装饰，可使差异和突变形成独特的视觉冲击力，最后又统一在亲和力的情感之下（图6）。把握住大众心理上既要认同又要新奇的两面性，巧妙地利用竹材在普遍认知上的缺点来引起人们强烈的好奇感，这种大胆的应用，也是创新的一种形式。

竹材的所谓缺点使其成为独特情境与文化认同两者间的桥梁，而设计师又进一步利用竹材天然的优势，将之应用在新的建筑形态和风格上，使其在应用中大放异彩。利用厂房建筑的高大空间建造陈皮村运营中心竹穹隆顶，摆脱了传统竹建筑狭窄低矮的空间感受，同时用竹做结构和装饰图案。这种创新对于熟练竹艺的工匠来讲是陌生的，所以设计师的引导很重要（图7）。

① 采用竹材的新方案由广州山田组设计院设计。

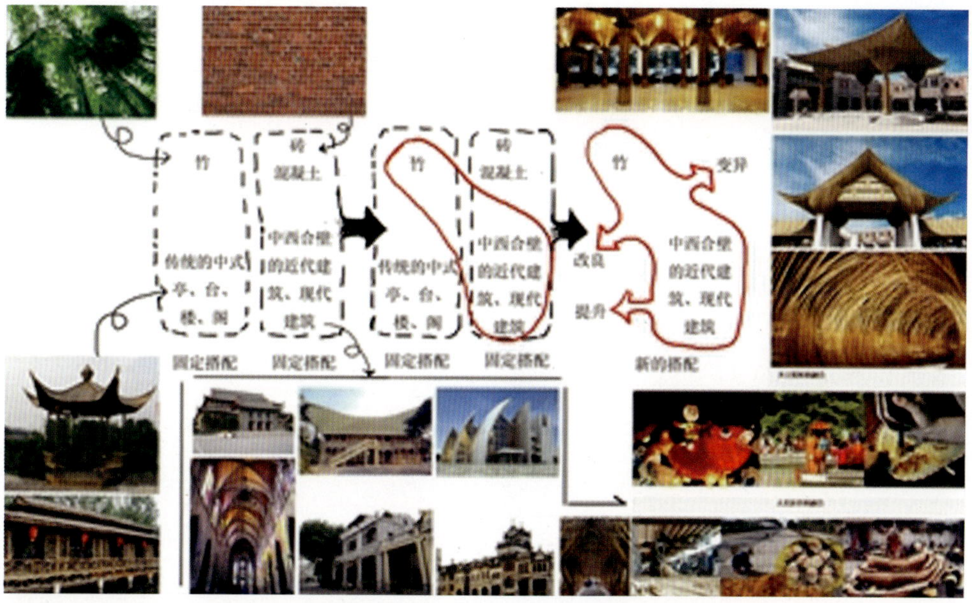

图 6　建筑形态、材料和文化认知相结合的构思过程

图 7　陈皮村运营中心竹穹隆顶

2014 年 5 月的三天公众假期里，到访陈皮村的游客约有 50 万人次。2015 年新会陈皮村项目入选文化部颁布的《特色文化产业重点项目名录》，全新姿态的竹建筑让项目具有强烈的文化吸引力和辨识度，无形中增加了项目的宣传效益，使之在同类项目中脱颖而出。竹材本身不具有这种附加值，只有当它被创新应用，作为满足人们精神追求的载体时，作用才会被加倍放大。正是这种无形的附加值带来的商业效益，成为投资者乐意接受竹建筑的重要理由，也为项目追求更大社会效益和生态效益的良性循环创造了条件。

2．关注文化生态突变下的技艺传承

文化生态是各地区和各民族原生性的、祖先传下来的文化生活方式，它体现在日常生活中。在技术落后的条件下，当地人通过寻找最容易获得的材料和最适应当地气候条件的建造技术来建造房子。这种技艺通过师授徒承的方式代代相传，掌握技艺的人被称为工匠。工匠及其传统技艺包含着独特而又丰富的人性内容，它们是文化生态的组成部分。

在工业化生产和快速城市化的双重冲击下，区域内文化生态本该缓慢发展和自我修复的过程被瞬间打破。传统的乡土建造技术在农耕时代是一个相对稳定与平衡的系统，正是这种相对封闭和以人为核心的活态流变的特点，在面临现代社会发展时带有了明显的不适应性和脆弱性。由于使用现代材料，建造方式也随之改变，这些工匠为了生活，只能转行或学习新的方式，技艺传承功能也逐渐衰退。独特的技艺是工匠在乡土环境中沟通感情的纽带，也是彼此认同的标志，更是他们倾注情感追求自由的精神寄托。随着技艺的消亡，这种“技以载道”的功能也随之丧失。采用工匠熟悉的建造材料，是对工匠、工艺与经验的尊重、保护和传承。在这一层面上，当代有必要尊重、重温和适度恢复传统工匠及其乡土建造技术。①

在新会陈皮村项目中，工匠对竹的施工非常自信。在项目最开始时，即使有图纸，他们仍然会按自己的想法搭建，当设计师否定他们的某些做法，指导他们尝试另一种造型时，他们对设计师表现出不信任——这应该是工匠在自己熟悉领域被冒犯时表现出的一种自尊。一旦设计师帮助工匠们取得尝试上的突破，他们会举一反三，帮助设计师拓展思路。这时，工匠们对设计师表露出极度的崇拜和高度的配合性，并在实施过程中解决多个难点。这种突破往往是令人欣喜的，因为设计师在设计时不了解竹材运用上的许多窍门。在施工当中，尽管有设计师的图纸和现场指导，许多制作的细节仍然由工匠们来完善，所以完成后的建筑比图纸多了许多细节和新意。

竹建筑的完成，除了技巧之外，特制的工具也起到关键的作用。从“匠”字的构成，可以看出匠人、技艺与工具有着密切的关系。② 在针对乡土材料的使用上，竹匠们自制的多功能工具毫不逊色于工业化生产的标准工具，从中可以看到工匠们在长期工作中利用智慧解决实际问题的能力。如工匠所用的自制砍刀插在工匠自制的工具套上，具有砍竹、锤钉、起钉等多种用途（图 8）。许多经验和规则通过工匠总结和流传下来，工匠的作用是非常巨大的。设计师处于项目的关键位置，有责任通过自身的影响帮助这种技能得到传承，其中也包括精神的传承。

① 王冬．关于乡土建筑建造技术研究的若干问题［J］．华中建筑，2003（4）．

② “匠”由“匚”和“斤”组成，“匚”意思是口朝右可以装工具的方口箱子，其中的“斤”就是木工用的斧头。

图 8　工匠自制工具

3. 顾及基层的社会增益

近年来，产业从劳动密集型向技术密集型转变的步伐加快，这是经济发展的必然规律。如果结合中国目前的人口现状来看，农村剩余劳动力多，且素质较低者占较大比例，这就决定了劳动密集型产业在相当长的一段时间里对增加就业有很大的作用。

可持续发展建筑设计关注项目的建造和使用对当地社区就业的促进，并努力探讨通过建造方式改善当地就业环境的可能性。工业化生产的材料和与之相适应的建造技术，往往让传统的手工技艺失去竞争力，当然也会影响工匠的生存状况。相对年轻的劳动力，这些掌握传统技艺的人常处在就业的“夹心”状态下。分析陈皮村项目工匠的年龄层和文化层次可以发现，他们年龄为 38 ~ 55 岁，几乎都来自项目的周边乡镇（最远为不超过 400 千米的汕尾地区），受教育水平均不超过初中程度（含初中）。这些特点，决定了这一群体在新环境下的就业处于尴尬的状态：①所从事的传统工作逐渐式微；②上有父母下有儿女，既是家庭经济收入的主要创造者，也是照顾家庭的重要承担人，长期在外远途工作不利于家庭稳定；③学习新技术的能力较弱，在新环境里生活的适应力较差；④选择新工作的限制大，收入常处于不稳定状态。他们面临的生存压力，是中国广大乡村地区手工业者的真实写照。由于工作量大，竹匠们分成若干小组，从选竹、粗加工、精加工到上架，形成流水线施工方式，大大提升了效率（图 9）。

图 9　工匠流水线施工

从一开始，陈皮村项目的决策者就把这些问题作为选择建造方式的考量因素之一，结合当地的材料和技术，主动地在商业项目中使用乡土材料及其特有的建造方式，为劳动密集型产业与传统特色技术有机结合创造机会，既满足个性化和多样化的市场需求，又改善这一底层群体的就业状况。在陈皮村项目的施工过程中，由于采用竹材施工的面积将近 4 万平方米，在 4 个月的施工期间内，每天施工的竹匠约为 80 人，高峰期间更达到 150 人，竹匠平均日工资为 300 元，在很大程度上增加了这一群体的经济收入。

这种劳动密集型产业与传统特色技术有机结合的方式，可以称为劳动技艺密集型，一旦形成规模效应，将是中国劳动密集型产业发展的有效补充。陈皮村项目的成功向人们展示了这种模式的前景：充分利用当地资源，由投资商提供资金运作，工匠提供技艺，设计师主导创新，从而使这种模式达到很好的增值作用。这种增益可以通过下表的对比进一步显示出来。在建筑材料上采用工业化生产材料和竹的同规模项目相比较，可以看出采用竹的建造材料单一，人工比重较大，劳动者的工资收入有较大的提升。相对于通过消耗大量物资促进经济的方式，后者在可持续发展上是有优势的。

两类建筑材料在应用上的对比表

建造材料	造价（万元）	人工费占造价比例	构造与装饰	流通环节	环保节能	对当地就业的促进
工业化生产材料	1 500	施工人员投入人数较少，工匠平均日工资为 200 元，约占 20%	往往是两种或多种材料，现场材料种类繁多	需要经过工业加工的多个环节，流通环节多	工业生产过程和运输环节耗能，施工现场电动工具耗能，建造过程和生命周期结束后产生大量不可降解的垃圾	依靠电动工具的劳动技术密集型产业，人员投入相对较少，工人来源于各地
来源于当地的乡土材料——竹材	1 300	工匠投入人数较多，工匠平均日工资为 300 元，约占 40%	往往可以合二为一，现场施工材料以竹为主	从产地集团直接到现场使用，流通环节少	生产及运输过程耗能少，手工制作建造过程几乎不耗能，材料可降解，建造过程及生命周期结束后对环境污染少	依靠自制工具的劳动密集型产业和技艺相结合，人员投入较多，且多为当地手工技艺者

说明：①本表根据两种方案的概算进行比较，其中后者为实施方案；②概算均不含钢结构、混凝基础、照明和园林绿化部分。

4．**鼓励地域性的创新与竞争**

陈皮村项目竹建筑的实践，借鉴了国内外类似的案例，这些成功的案例在很大程度上给予投资商信心。在它们的指引和启示下，陈皮村的设计师完成了借鉴、创新、总结、加强的过程，在总结后再应用于新项目上，从而进一步地为更多设计师进行本土的探讨提供新的、成熟的经验。尽管包括陈皮村项目在内的这类案例还不是主流，但当中每一个案例的成功实践，都会对某些方面有所提升和促进。它们包括五个层面：一是项目阶段性的成果得到业主和社会的认可，鼓励更多的投资商投资这类探索性的设计，为创新提供有利的市场条件；二是鼓励本土设计师利用现状条件进行因地制宜的创新，提升本土设计师参与国际交流与竞争的自信心；三是作为本土文化生态的组成部分，使传统手工艺者受到启发从而加速技艺的创新，增强以运用乡土材料为技艺的工匠在现代化过程中的竞争力；四是促使政府相关部门积极应对，创新性地看待新事物，对一些僵化的建筑建造规定作出相应的检讨和调整；五是鼓励地域性的弱势文化与普遍性认知中强势文化的竞争，打破现代建筑一统天下的局面，使公众可以认同差异，认同本土，热爱本土。

新会陈皮村大型竹建筑明显不是狭义上的乡土建筑，因为它规模较大，有投资方建设，由设计师进行规划与设计，实施后用于商业的运作。正是因为这些特点，在它成功实施后，乡土材料应用上所涉及的社会增值的量相对可以观察和评估，也有利于解决乡土材料在现代大型建筑应用上遇到的新问题。

三、总结

在可持续设计的实践和探索中，始终存在一种重技术设备、轻社会伦理的现象，忽视了作为主体的人在整个关系中的主导地位。材料影响到建造技术，建造技术影响到人，进而影响社会中人与人的关系。因素间的影响不是单线的，而是相互联系和错综复杂的。当我们充分意识到这一点，就能以具体的物为切入点，以更宽的视野从更深层次中考虑和评估可持续发展建筑设计产生的社会效益，并在实践中加入人文的关怀。新会陈皮村可持续发展建筑设计的实践正是基于这一点，选用乡土材料进行建筑的构造和装饰，而对它的分析和总结始终没有离开社会影响这条主线。社会性考量既是实施前所考虑的，也包括实施后分析侧重的，以此实现项目的社会可持续性。这种实践的出发点不仅具有新的视角，还具有关注当下的现实意义。

参考文献

1. 钱学军. 乡土材料的建造试验［J］. 时代建筑，2007（4）.
2. 王冬. 关于乡土建筑建造技术研究的若干问题［J］. 华中建筑，2003（4）.
3. 吴良镛. 乡土建筑的现代化，现代建筑的地区化——在中国新建筑的探索道路上［J］. 华中建筑，1998（1）.
4. 俞禹滨. 竹、木、砖、瓦：当代建筑中乡土材料的运用［D］. 南昌：南昌大学，2012.
5. 布赖恩・爱德华兹. 可持续性建筑［M］. 周玉鹏，宋晔皓，译. 北京：中国建筑工业出版社，2003.
6. 薛杰. 可持续发展设计指南：高环境质量的建筑［M］. 罗福平，等译. 北京：清华大学出版社，2006.
7. 陈霞红. 文化产业生态学［M］. 杭州：浙江工商大学出版社，2012.

可持续发展战略下艺术设计创新能力培育的再认识

吴宗建

可持续发展的核心思想是经济发展应建立在生态可持续能力、社会公正和人民积极参与自身发展决策的基础上，并从当前实际出发，寻求方法达到经济发展、环境保护以及社会关系三者协调发展这一目标。可持续发展的设计必然要从社区、就业、经济、文化、政治、气候、能源、水、垃圾、材料、土地诸多方面进行研究，这已不是传统单一的艺术设计学科所能应付的，于是复杂学科、新兴学科、交叉学科以及边缘学科一并进入我们研究的视野。这也不是将诸多学科进行简单的综合，而是要从人类社会整体利益与科学的设计观出发来思考与面对各专业的设计。无疑，创新是人类面临这一难题的必然选择，创新意味着突破。从艺术学科发展起来的艺术设计专业，已涉及城市规划、建筑室内外环境、产品、广告等领域，艺术设计教育所培养的不同专业人才将直接或间接地影响可持续发展战略的实施。面对新的挑战，艺术设计教育中关于创新能力的培养研究显得迫在眉睫。

一、艺术设计创新能力培育的困境

综观大多数高校艺术设计类学生的创新能力不难发现，学生们的设计作业或竞赛基本分为两类：一类是追求视觉冲击，但与现实脱离的天马行空式的作品，它们多受到教师的喜爱而被欣赏；另一类是以模仿、抄袭为主的作品。许多设计公司的老总抱怨：刚从学校毕业的学生在工作中往往没有耐心从事一些枯燥抽象的基础研究工作；而所谓的高材生在面对复杂的现实问题时，常常表现出束手无策的低能。这样的事实，反映出今天的艺术设计教育所倡导的创新复合型人才培养落后于现实要求的矛盾。

从艺术学科发展起来的艺术设计专业，从一开始就具有重感觉、轻理性，重形象思维、轻抽象思维，重直觉判断、轻推理演绎的特点，即使在强调多学科交叉的今天，有些高校的艺术设计专业招生仍只面向文科生。把艺术设计当成“艺术”，在设计实践中过多强调个人的趣味，甚至把学生的个性等同于创新的现象还普遍存在。创新的实质就是去寻找“不了解”，而结果不明确的过程探索是枯燥和抽象的。多数的艺术设计专业师生对枯燥烦琐的事情表露出有意或无意的厌恶态度，在教学中强调经验论，用一些从成功经验中总结出来的原则作为学生处理新事物的教条，自然而然地反抗那些超出了自己的经验范围而去研究事物的想法。由于缺少真实项目的介入，在艺术设计的教学课程里，许多研究是在孤立的命题中开始，而不是有效地在吸取众多经验的基础上，进一步超越。

而问题就在于艺术设计不是纯艺术，它很大程度上还带着科学的性质。设计的对象不仅具有审美功能，还具有使用功能。一方面是战略下的市场需求，另一方面又是根深蒂固的思维模式和教育现状，如何在当中找到切入点，寻求切实可行的创新复合型人才培养之路?

二、培育始于独立的思想

创新，先要谈独立的思想。创新的价值就在于“不了解”，创新的关键也就是去寻找人类的“不了解”。经济快速发展与环境承载之间的矛盾在快速城市化的背景下日趋剧烈，让我们面临更多的挑战，如近三十年间城市规模无限制扩大，交通拥挤，居住条件差；城市人口迅猛增长，中心区人口密集，失业人口增多；环境污染严重，原有生态环境改变，趋于恶化；社会秩序混乱等。单凭感知或科学都不可能去解答这一全新的课题，而多学科的合作与跨学科的研究是面对挑战的重要途径。可持续发展是一道“不了解”的难题，地区差异和不断发展两大因素决定了没有放之四海而皆准的所谓成功经验和方法。

作为教育者，首先要迈出探知的第一步，解放被束缚的思想。而束缚思想的又正是被我们认为是成功的已知经验和被神化的权威，因此教育者要有科学的精神，不迷信专家权威。在教学当中，教育者要帮助学生树立独立的思想：一是要引导学生将独立精神与愤世嫉俗的情绪分开。许多学生看到社会现象中不利的一面时，由于年轻，往往缺少分析和解决困惑与问题的能力，而采取回避的态度，有时又表现出非理性的自大情绪。教师应引导学生正视现实问题，提高处理现实问题的能力。二是要让学生培养独立思考的习惯。在教学中不能唯经验论，要避免在研究案例中把成功的经验当成解决问题的原则，要让学生意识到经验在新的案例里只是参考的依据之一，并不是可以拿来的“结果”。三是改变教师与学生之间传统的授与学的思路，培育与学生共同探讨的学术精神和民主机制。耶鲁大学建筑学院院长罗伯特·斯特恩（Robert Stern）谈到培养学生的独立精神时，认为在面对新学科和不同的事情的结合时，学生们做得比许多教师好，这是“因为他们更年轻更开放”。同时，他还强调学生不要成为随声附和其他人的小跟班，而要不断强调“你的观点”。这样的结果就是让学生们认识到：没人知道所有的答案，并不是只有一条解决途径。①

迈出了要找“不了解”的第一步，关键还要在艰难的道路上寻找“不了解”的方法，深入地了解事物的本质，才能形成独特的判断。

三、推理有助于进一步的认知

敏锐的直觉是艺术设计类学生具有的天然优势，在设计前头脑风暴式的方案草图有助于打破烦琐程序所造成的僵局。直觉具有迅捷性、直接性、跳跃性特征，让人们摆脱了原先常规的束缚，从而产生认知过程的急速飞跃和快速判断带来的坚信感。然而，正是因为直觉具有上述特点，再加上艺术设计与艺术的姻缘，让艺术设计类学生在进入大学前和步入社会后的学习和工作当中，毫无障碍地倾向于以这种直觉的思维方式来处理设计上的各种问题，也逐渐丧失了对枯燥复杂问题进行研究的耐心和能力。而直觉最大的问题又在于其或然性（或者正确，或者错误），它不可能做到像推理思考那样稳定而严格。经济快速发展与环境承载之间的矛盾所呈现出来的各种问题，包括盘根错节的利益纠葛也让单凭直觉判断造成“或错”概率增大。而艺术设计所涉及的城市规划、建筑、产品等领域越来越深入地牵涉到社会生活各个层面，其一旦决策后实施，必然牵动庞大的经济支出和环境资源的消耗，对社会生活造成深远影响。可持续发展的战略要求，不允许反复地用这种不负责任的试错方式在实践中验证，极度脆弱的生态环境不能再承受错误决策造成的高昂代价了。

在艺术设计教育中，培育学生形成直觉与推理相结合的思维模式，重点是在教学中重视推理方法。推理，就是人们在已有知识所形成的判断基础上，由一个或几个已知判断推出一个新的判断的科学思维过程，尽管人们探求新的知识的方法和途径十分复杂，但都离不开推理这种思维方法。香港中文大学建筑学院在教学中就特别强调这种推理的研究方法，要求学生通过抽象化分析、参数结合及流动、思考都市政策层面、建筑模型实验、建筑类型转型、建筑物设计六个步骤进行分步推理的研究，引导

① 《建筑创作》编辑部．专访耶鲁建筑学院院长罗伯特·斯特恩［J］．建筑创作，2011（1）．

学生先找问题，使设计从复杂开始，通过研究变得简单（图1）。

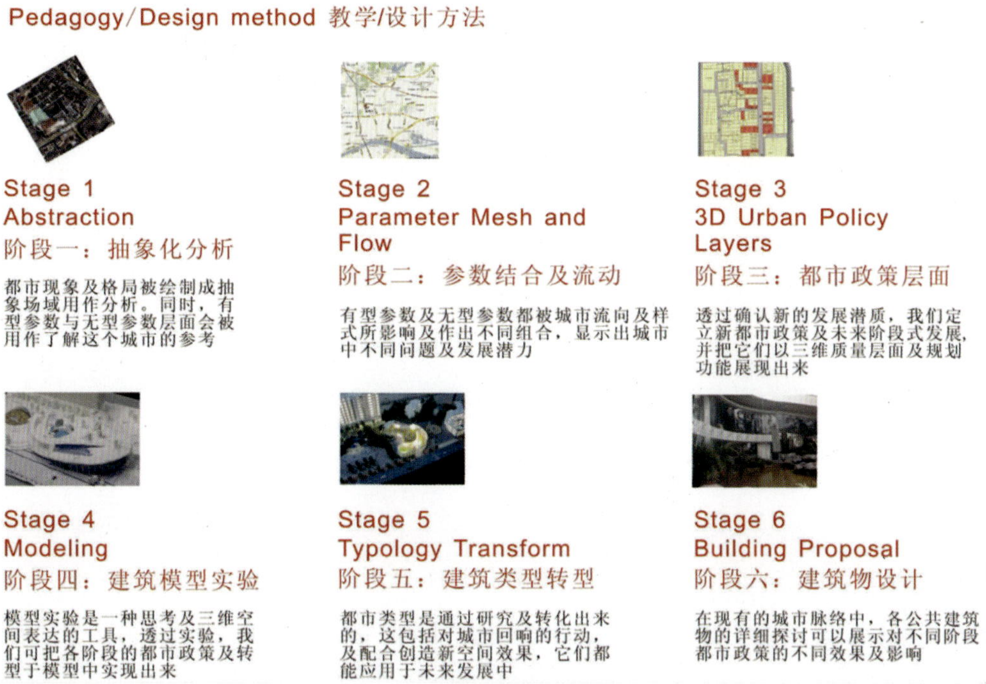

图1　香港中文大学建筑学院课题研究设计方法

在教学实践中，要创造各种机会让学生开展以逻辑推理为主的课题研究，过程中要注意几个方面：一要引导学生对矛盾的关注。推理过程的关键就是分析矛盾的过程，结论是对客观对象进行矛盾分析的结果，是主观能动性的积极作用。为了拓展学生分析的能力，应向学生多推荐一些前沿且实用的实验工具和方法（如日照模拟实验的软件），要求学生从气候、环境、当地居民等方面对设计的对象进行分析和研究，通过逻辑推理的思维活动将各种矛盾分析的结果联系起来，从而作出准确的判断。如通过专业软件对某个居住小区进行模型实验，从日照曲线中分析出场地内存在的矛盾，提供给园林设计师进行针对性的景观布局（图2）。二要培养学生直觉与推理结合的思维方法。直觉思维与推理思维二者的发生和形成并不矛盾，在一定程度上，直觉思维就是推理思维的凝结或简缩，体现着“概括化”的理念，达到两者互补的效果。三要培养学生对枯燥的复杂变化着的事情进行研究的耐心和求知欲望，从长远来说，这对于塑造学生的心理习惯是重要的。它带来一种力量感和进步的希望，这比建立在对整个事情的仓促谬误的概括上的任何力量感和进步希望更可靠，更有根据。① 四要建立轻结果重过程的评价机制，将评价体现在评分和日常的导向上。评价直接影响学生价值取向，是教师对学生能力认同的具体表现。牛津大学的入学面试题目不要求专业知识，也没有什么“对”或“错”的答案。那些开放式问题是为了激发学生与面试官之间的讨论，观察考生对新思想的反应或者是否能提出有趣的论点，希望看到学生的思考过程，而不是最后的答案。② 国外教育对学生的评价多重过程而轻结果，他

① 伯特兰·罗素．我们关于外间世界的知识［M］．陈启伟，译．上海：上海译文出版社，2006.

② 译言网，http：//article. yeeyan. org/view/haoxiaoru/63196.

们有一个很有说服力的理由：如果一个结果是用不客观甚至是错误或虚假的方式推断的，那这个结果就毫无意义。

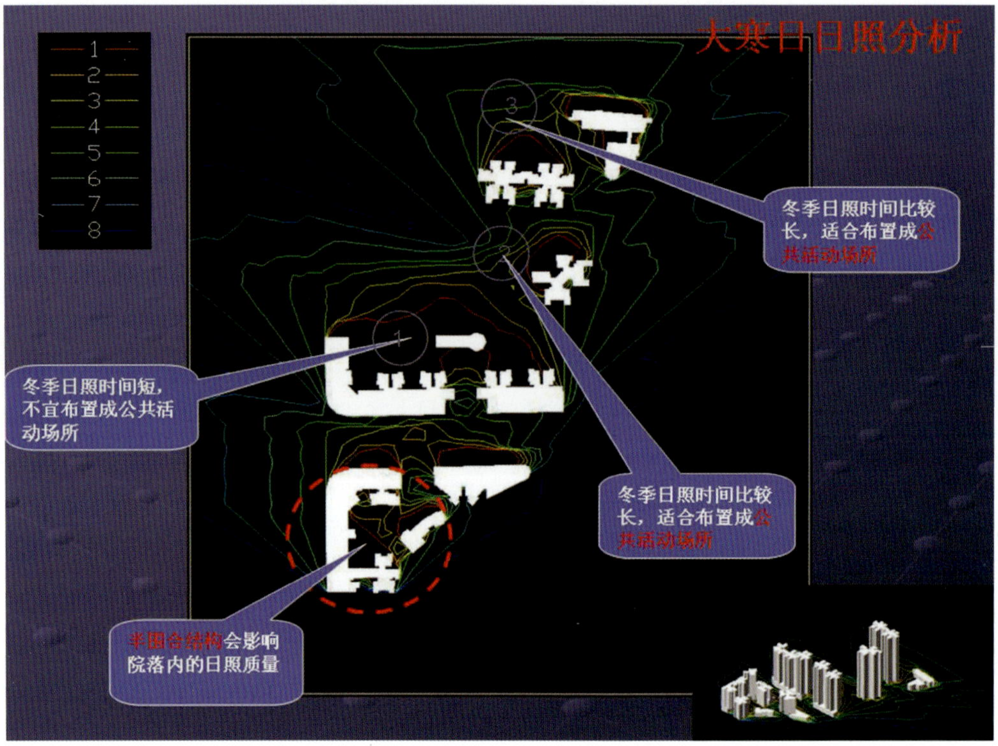

图 2　某小区园林景观设计的日照分析

四、专业教师的传统职能向多元转型

要培养创新型复合人才，就要解决艺术设计类教师学科结构单一的问题。高校的人才引入受编制和职称的限制，许多不同专业背景和不同学历层次的急需人才要进入艺术设计专业的固定岗位是不现实的。以艺术设计学科为主的教师团队，在教学中的弊端已日益显现。在课程的设置上，出现了因人设课、无人上课而取消课程，甚至任课老师对于不得不上的边缘课程一边学一边教的现象。这是目前许多高校艺术设计教学中普遍存在的问题，如何在现实矛盾中寻找一个有效的解决方法？

一个可借鉴的方法是将编制内专业教师的传统授课职能向课程组织的多元化职能转变。瑞士伯尔尼应用科技大学的可持续发展设计专业的教学中，就是采用这种形式，由两名本专业教授分别主持两个课程模块的统筹和教学工作，结合开放与多样的教学方式，组织四十多位各学科专家参与到课程教学与研讨中。这些教师中有名牌大学的教授、政府政策的决策者、设计师和企业负责人，而真正属于本系的教师才只有四五名，起到以一当十的作用（图 3）。

多元化职能的转型要求专业教师既是授课者，又是若干相关课程组织者，更多是担负后者的工作，包括选定与安排系统内关联的每门课程的教师，组织授课与讲座相结合、考察与实践并行的多元化教学方式，主讲专业课程，跟进授课质量，指导学生参与课题研究和实践，对整个课题进行分析与总结以及负责对课程的质量反馈工作等。职能的转变也对专业教师的能力水平提出更高层次的要求：应有副高以上的职称，责任心强，特别要求具有较强的综合水平以及实践能力。当然，学校要就上述方面的要求对教师进行专项培训。通过教师职能转型，可以灵活聘请校内外不同学科的佼佼者到课堂上授课，有效地解决师资力量不足和学科单一的问题，同时又为课程培养计划的改革提供了师资保障。

图 3　瑞士伯尔尼应用科技大学可持续发展设计课堂

注：左为课程模块的主持人丹尼尔教授，右为苏黎世联邦理工学院博士后 Dean Simpson，他的讲座主题是城市化与人口老龄化。

五、建立以课题为核心的模块化课程培养计划

模块化课程培养计划与上面的系列转型形成整体的教学改革方案。

目前艺术设计教育的课程培养计划总课时约为 2 500 学时，思想政治课、外语系列和军事理论多安排在第一至第四学期，通识课、专业基础课、专业核心课和实践课按递进关系先后安排在八个学期里。按先理论后实践的传统思路，第七、八学期考察与实践环节较多（图 4）。这种将课程打包在学期单位内的课程培养计划，好处就是结构简单，课程设置规范化，有利于职能部门对课程计划的实施与监督和对工作的考评与统计，也有利于对学生能力的标准化考核，还符合以学期为单元的传统工作习惯。可以说，传统的课程培养计划的这些特点，是教学满足“如何利于管理”要求的结果。而其逐渐显露的问题是：①将若干门设计专业课简单综合，课程间虽然有纵向的联系，但横向联系较少。每位教师都在课程内授课，各自安排作业，各自为政的现象难以避免。②每门课程相对封闭，其他课程，特别是不同学科的知识点难以及时交叉进来，许多实践、社会调研、小研讨等教学手段不能灵活地穿插在课程当中，不利于启发型的教学。③即使设置了多学科课程、跨学科的选修课程，由于缺少了教师的综合指导，学生的跨学科选修又常存在为学分而选课的功利性，缺乏系统的联系。学生普遍感到不同学科之间缺乏有机的衔接，难以将交叉知识整合到本专业中，去解决实践中碰到的问题。④用先后次序将理论学习与实践安排在第二至第八学期，虽然从整体上呈纵向联系，但时间跨度太大，不利于学生及时地进一步掌握与巩固各知识点。

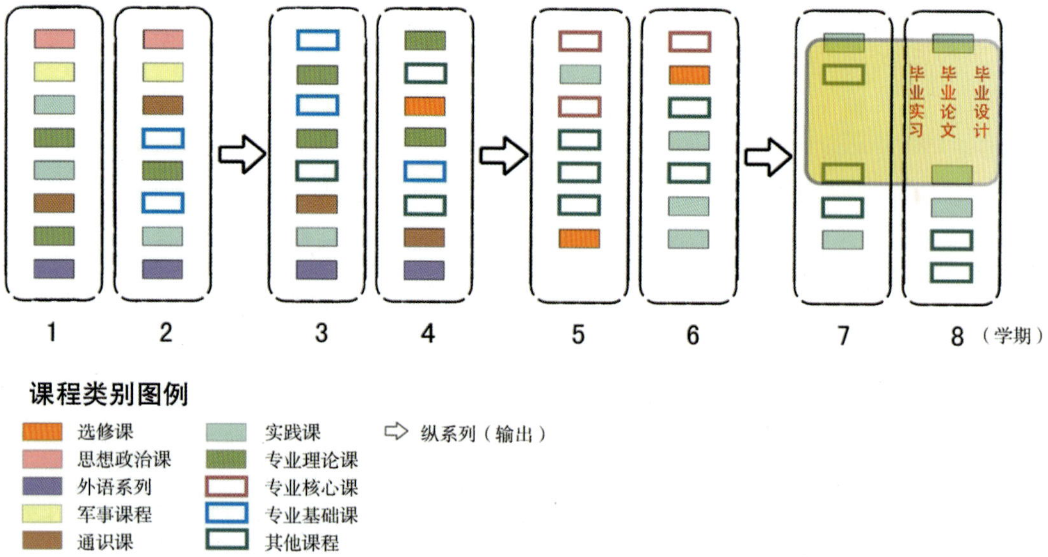

图4　传统的培养计划中的艺术设计课程安排，其特点是以学期为单元组织课程计划

模块（module）是一组具有同一功能和接合要素，性能、规格或结构不同也能互换的单元。模块化设计的特征是系统的构成，主要方法是系统的分解和组合，它不是研究和解决某一个孤立知识点的问题，而是解决问题的最佳构成形式。模块化设计的思想已渗透到工业信息等许多领域上，正好给艺术设计课程改革提供了新的思路。

以课题为核心的模块化课程计划在艺术设计培养计划的主框架系统内，围绕培养创新复合人才的总目标，打破以学期为框架的排课形式，通过对原系统课程的分解和重组，在四学年中规划五六个围绕课题实验与研究的课程模块，构成不同层面的纵向联系系统（图5）。课程模块是一个相对独立的功能单元，能够独立地完成一定教学目标的课程集合。每个课程模块按要解决的不同问题以及要达到的教学目标，将多个课程组合在一起，构成一个具有特定功能的子系统。课程模块具有外部和内部两个基本的特征。外部特征是指课程模块跟另一模块联系的接口功能，具有在本专业内的模块呈纵向输出（递进、深入），跨专业间的模块呈横向输入（补充、交叉）的功能；内部特征是指模块的内部环境具有以本学科为主、多学科组合的多门课程，依照既定要求将诸多课程组成程序系统。

以课题为核心的模块化课程计划具有以下的特点：①每个课程模块由专业教师负责，能全程跟进模块内的教学计划以及目标的实施情况；②课程模块具有相对独立、时间跨度不长、目标明确的特点，能及时进行阶段性的综合与总结，有利于学生对多学科知识的整合与应用；③在模块内课程的组织不是逐个安排，而是首先用主程序、子程序、子过程等框架把课程知识的主要结构和流程描述出来，并按阶段目标和实施的要求，实现基础课程、通识课程、专业课程、实践课程之间的融入、输出链接关系；④课程模块内外实现横系列、纵系列学科间的交叉运用，有利于跨学科间的信息交流；⑤通过教师授课、专家讲座、现场考察、案例分析、研讨会、教师示范等灵活多样的教学方式，打破专业界定分明、相对封闭的灌输型教学方式，在模块内形成开放的教学体系，提高学生对复杂学科、边缘学科、交叉学科进行综合应用的能力。

模块化课程培养计划的目的就是打破专业壁垒，实现最佳的资源整合，满足学生对多样化的需求和适应可持续发展注重多学科交叉的创新要求。目前一些高校对艺术设计创新教学进行新的尝试，虽然各自的名称不同，但思路是一致的，如中国美术学院的综合设计系就从应用、市场需求出发，采取多样的教学方法，从心、言、图、物、境五个层面将课题化的教学方式不断引向深化，为我们提供了一个可行的参考实例。

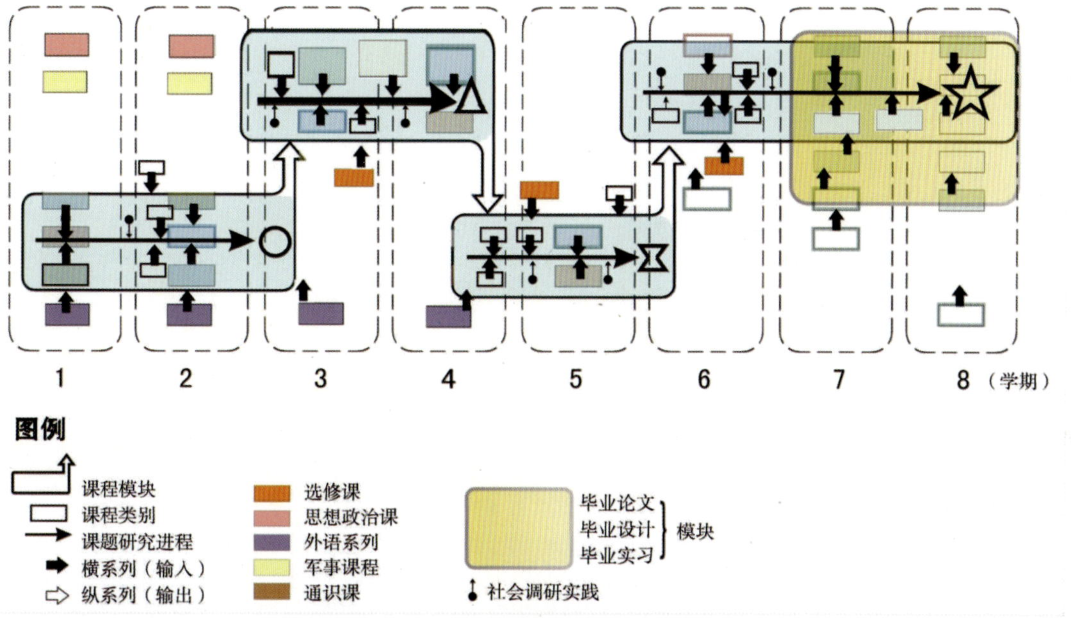

图5　以课题为主的模块化课程计划

六、总结

从人类社会整体利益与科学的设计观出发，培养具备可持续发展意识与设计对策的创新型复合人才，这符合可持续发展战略下艺术设计创新能力培育的要求，也是高校艺术设计创新教育改革的共同目标。大刀阔斧式的改革固然痛快，但往往把现有的推倒重来，造成矛盾重重、牵涉面大的问题，最终难以实行。艺术设计教育改革应遵循目前教学改革与发展的基本方针，扎根于现状，找到切合自身实际的思路和方法。教师职能、课程培养计划是创新改革的对象，独立思想、推理思维的树立又从相对抽象的角度对创新能力的意识形态提出了新的认识，微观层次就是要在具体的实践中理顺各种关系和寻找具体的应变方法。

教育本身就是一种演变、锤炼的过程，某种程度上学生就是结果。可持续发展的诸多要求，如环保节能的各项指标将逐步成为整个行业硬性遵守的强制条款，谁在围绕着可持续发展综合创新能力的培养上占据优势，其培养的学生就能为自身的生存与发展奠定更为牢靠的基础与保障。这既是可持续发展战略的要求，也是教育者的责任。

综合性大学艺术设计专业校企合作教学模式研究①

陈薇薇②

随着经济的飞速发展，我国现今已经进入了工业化与信息化的时代，工业化时代从某种意义上可称为“设计时代”。同时，由于创意产业是可以优化地区产业结构、转变经济增长方式的朝阳产业，发展创意产业逐渐成为我国发展战略的重要内容。基于这样一种重视，设计专业人才的需求发生了根本性的转变，设计专业人才的培养也有了新的要求，那就是更强的创新精神和应用能力。人们开始意识到大学校园的教育已经不适应新时代下人才培养的要求，传统的理论为主、实践为辅的人才培养方式使教学与实践脱节，更导致高校人才培养与行业需求的矛盾。

一、校企合作教学及典型模式

“校企合作”实际上是由国际普遍认同的学校和用人单位合作培养学生的教学模式（Cooperative Education）演化发展来的，其初衷就是让学生在校所学的与企业实践所产的有机结合，使学校和企业实现优势互补，实现学生校内学习与企业实践的零对接。这种人才培养模式可以发挥学校和企业的各自优势，将学校人才培养与社会需求紧密结合，是高校与企业双赢的模式之一，这对应用型人才的培养十分有利，也是教育与生产可持续发展的重要途径。当前，高校艺术设计专业常见的主要合作模式如下：

1. 校企之间的交流学习模式

校企之间的交流学习模式主要是以相互之间的理论性交流为主，相对属于比较浅层的合作方式，其主要方式是把企业请到校园和让学生从校园走出去。

通常，第一种方式多为把企业一线设计师和设计管理者请到学校举行讲座或兼课，这样的方式比较受学生喜爱，他们也容易接受来自企业设计师传授的更贴近实际操作的专业知识。此种方式所涉及的范围相对狭窄，只有部分学生或部分课程可以交流，专业设计师兼课又往往受到时间的限制，只能偶尔进行。而让学生从校园走出去的方式则多为学生在任课教师的带领下到合作企业进行参观，其学习过程相对比较有局限性，学生在游览参观企业的过程中无法真正学习到设计过程。

2. 以学校工作室为平台的入研式合作模式

现在各类艺术设计院校都会在校内根据专业建立学生工作室或教学实验基地，入研式合作模式就是以此为平台，以企业委托项目为载体，在课程设计或毕业设计上引导学生直接面向企业的要求来进行方案设计。许多艺术院校内也会有以某家企业名字冠名的“研发中心”。这种合作教学模式可以直

① 本文为华南农业大学教学改革与研究项目“综合性大学校企合作教育模式创新研究——以艺术类环境设计企业为例”（JG14076）成果。

② 作者简介：陈薇薇，华南农业大学艺术学院副教授，从事教学工作超过13年。

接加强学生实践能力的培养，让学生在学校学习过程中与企业接触，有些优秀学生甚至可以在在校期间就与企业签订长久的劳务合同，这既解决高校毕业生就业问题，也解决了企业用人难的问题。但是，这样的合作模式对艺术设计院校的课程设置、实验室建设、专业师资力量都有较高要求。

3．以企业实习基地为平台的入企式合作模式

入企式合作模式主要是艺术设计院校在企业建立实习基地，双方保持稳定的合作关系。这保证学生在经过两三年的理论及专业学习后，可以顺利到企业进行实习，在实习过程中加强实践能力的培养，并参与到企业的项目设计和实施中。入企式合作模式可以使学生到企业得到一线设计人员的指导，拓展了学校以理论为主的传统教学模式，有利于学生实践能力和创新能力的培养。

4．项目订单式培养模式

项目订单式培养模式通常是企业根据对设计人才的需求，对学校提出相应的要求，学校按照企业岗位要求设计人才培养方案，安排具有针对性的教学计划，相应调整专业课程。在人才培养过程中，学校与企业必须提前签订合同，同时企业应提供一定的培养支持。这种校企合作模式最大的优势是学生在入校的时候已经开始就业，校企合作程度最为紧密，可以解决行业对不同设计人才的特殊需求，学生也可以更有针对性地学习专业知识，从而有利于毕业后顺利工作。

二、综合性大学艺术设计专业校企合作的必要性

艺术设计专业作为实践性非常强的学科，不论从人才培养方向还是整个培养过程来看，校企合作都显得尤为重要。如何构建更为合理、科学的校企合作教学模式，对于综合性大学艺术设计专业的人才培养有着重要意义。

1．艺术设计行业人才输送的需求

目前我国大力发展文化创意产业，走向“设计时代”，要让中国制造变为中国设计，就需要大量高层次的应用型艺术设计人才，而艺术设计领域中的应用型人才应该具备扎实的专业知识和较强的实践能力。基于行业对于设计人才的需求，艺术设计专业的学生在掌握专业理论知识之外，更重要的是具备较强的实践能力以及设计软件的操作能力，其中，实践能力成为最应具备的能力。因此，我们在大学艺术设计专业教学中应该大力加强学生实践能力的培养。校企合作是加强学生实践能力的直接手段之一，也是有效培养方式之一。学校可通过校企合作实现理论与实践的零距离接触，企业则可以更好地挖掘所需人才，为企业储备优秀人才。

2．艺术设计专业应用型人才培养改革的需求

2011 年 4 月，艺术学成为独立的学科门类，设计学也随即成为一级学科，学科发展方向的新增和调整给实践教学带来了新的考验，校企合作的意义也随之大幅度提升。近年来，各大高校不断开设艺术专业，但存在办学定位不够明确的问题，尤其是综合性大学对于艺术设计专业人才培养的定位无法与行业需求紧密切合。尽管很多高校对人才培养计划进行修改以转变传统重理论、轻实践的培养模式，但在培养过程中实践教学仍然不足，最终导致培养的学生毕业后只是停留于理论性的设计研究，实践能力不足，无法满足行业需求。另外，设计类专业在实践教学中对教学的硬件都有较高的要求，而校企合作教学则可以将实践教学环节转移到企业中进行，节约了教育支出。由此可见，无论是行业对人才培养的需求，还是学校教学的本体需求，校企协同参与人才培养是最为有效的解决办法。

3．综合性大学多学科发展的需求

2010 年国家出台的《国家中长期教育改革和发展规划纲要（2010—2020 年）》中明确提出：“充分发挥高校在国家创新体系中的重要作用”，“促进高校、科研院所、企业科技教育资源共享，推动高

校创新模式……”2011 年，胡锦涛同志在清华大学百年校庆中发表重要讲话，讲话中提出积极协同创新，其中核心部分就是推动高校体制改革，充分发挥高校多学科、多功能的优势，积极构建协同创新的新模式，形成有利于协同创新的氛围。

作为国家政策性需求，校企合作成为构建高校协同创新新模式的有力突破点。校企合作、协同创新在许多综合性大学的自然科学学科已经非常成熟，其合作成果服务于社会，一定程度上促进了前沿科技或区域经济的发展，但是在人文社会科学领域，校企协同创新却相对贫乏，艺术设计学科则更是空白。因此，围绕着高校体制改革进行协同创新的发展，是综合性大学艺术设计专业推动校企合作的巨大动力，也可以解决应用型设计人才的培养问题。同时，通过校企协同创新，设计出高质量的创新产品，实现成果转化和推广，对综合性大学多学科发展十分有必要。

三、综合性大学艺术设计专业校企合作所面临的困境

1. 人才培养目标偏差，校企合作难以开展

通常在探究高等教育的发展时，一定会谈到“学术”二字。一直以来“重学轻术”的观念在人们的脑海中根深蒂固，直接影响了高校的办学理念，加上许多用人单位也将学历作为招聘的一个主要条件，这样一来，学历化的倾向加重，学历和文凭成为我国高等教育的目标。在这种观念的影响下，大多数高校尤其是综合性大学无形中把学校人才培养的目标定位在研究型，在人才的培养方面也往往只重视理论知识的教学，这对于艺术设计专业极为不利，使学生缺乏实践能力的培养，直接影响了人才培养质量。近年来，我们已经开始注重应用型人才的培养，但艺术设计专业本科应用型人才校企合作实践教学才刚刚起步，缺乏解决问题的理论思路，也无法在合作过程中解决诸多的实际问题，对校企合作顺利地展开增加了很大的阻力。

2. 教学体系不配套，校企合作层次较浅

一直以来，校企合作不管以何种方式开展，其本质上大多是以学校为主体，这样的模式非常不利于合作机制的健全和完善。综合性大学中常见的大众化传统教学模式与校企合作所需要的培养方式严重脱节，例如艺术设计专业传统的教学模式过于追求理论的系统传授，教学体系中缺乏针对性和目的性。此外，课程内容的设置趋于呆板，整个培养计划中传统课程的设置较多，对实践课程的安排不够系统。而且实践课程基本集中在最后一年，不能融入整个四年的课程计划中，忽略了设计的实践需要不断摸索与探讨，而不是一蹴而就的。这样一来，人才培养计划的局限性以及实践教学的缺乏，使得培养的人才泛而不精。正是因为教学体系的不配套，目前许多综合性大学艺术设计专业的校企合作模式比较单一，主要集中于生产实习或顶岗实习，并未建立深度的校企协作学制。尽管在企业实习一定程度上能够培养学生的实践动手能力，但简单的校企实习合作容易让学生成为简单的劳动力，从而偏离了校企合作的本质以及高校人才培养目标。

3. 教师参与企业实践的鼓励制度欠缺

现今许多本科院校都开始提倡“双师型”理念，尤其是艺术设计专业，希望专业教师是具备较高理论知识和丰富实践经验的“双师型”教师，这种理念十分符合艺术设计专业的教学要求，但是在许多学校，“双师型”理念无法真正推广。其主要原因还是在于学校顾虑在校教师承担企业顾问等工作会影响教学，给学校管理带来不便，因此，口号式的鼓励和制度上的限制相矛盾，使教师参与企业实践得不到真正的鼓励，无法实现合规化。尤其是综合性大学，对于教师队伍建设有更多关于学历、职称上的政策性要求，这些政策性要求的不断提高导致许多教师无暇顾及企业实践，而本身具备丰富实践经验的设计人员又不具备走进学校的资格。

教师缺乏对企业的理解和行业的实践，企业专业设计人员普遍缺少教学技巧，并且能够指导学生实训的人员也非常紧缺，这样一来，要达到校企合作的要求是非常困难的。因此，鼓励教师参与企业实践对于校企合作是非常重要的，也是提升应用型人才培养水平的重要途径。

4．校企合作动机不足，企业缺乏合作教育的理念

在校企合作过程中，企业参与的主要障碍是对于学生的管理和指导所消耗的时间和精力。在设计行业领域，中小型企业内部往往不具备校企合作、实施实践教学的能力，而成规模的实力型大企业为数不多。而在企业内部，出于对企业长远发展的考虑，高层管理者参与校企合作的兴趣更大，但承担执行工作的中层管理人员因为合作过程的种种困难而对校企合作产生排斥。这些因素都是企业缺乏合作信心、校企合作动机不足的直接原因。

更为实际的影响因素是目前我国高校校企合作的模式尚不稳定，未能普及推广，大部分企业无法从中看到可以收获的利益，甚至不成熟的校企合作还会给企业带来一定的成本风险，导致以盈利为目的的企业对这种高成本、有较强社会责任的合作教学方式缺乏动力。加之我国并没有明确的相关制度和法规来对企业参与到高校人才培养提出要求或给予保障，这些都会影响企业对于校企合作的积极性，就算已经参与校企合作的企业也大多局限在提供一定实习岗位的基础层面上，没有实质性的深层次合作的打算。

四、综合性大学艺术设计专业校企合作教学模式的构建

培养创新人才是当今高校一个重要的人才培养目标，而校企合作作为创新人才培养体系的一种重要手段，综合性大学教育在此具有突出的优势。设计学科作为实践性极强的学科，非常需要创新人才的培养，因而深度的校企合作教学模式成为其必要的支持，但此教学模式在综合性大学的人才培养系统中还面临着一定的困难，我们必须求同存异，将校企合作深入到整个人才培养过程中，保证校企合作的可持续发展，其教学模式的构建可以从以下几个方面进行：

1．加强“双师型”教师队伍建设，建立双导师教学模式

教师是教育的主体，教师的教学水平在一定程度上直接影响着高校专业教学的长远发展。综合性大学对于教师队伍的建设有一定的政策限制，因此我们应该首先对已有师资进行“双师型”教师队伍建设，鼓励教师提高自身的设计实践能力。艺术设计专业的教师要不断地参与设计实践并进行一线教学，通过设计实践不断提高自身的业务水平，再将其转化成为系统的理论知识传授给学生。可在校企合作的基础上，定期安排专业教师到优秀设计企业中进行实践，或者鼓励教师参与企业项目的研发与设计，这样可以提高教师的专业实践技能。同时，也可以组织专业教师到相关工厂进行考察与学习，积累专业的实践经验。

此外，校企合作中除了加强本校教师的实践能力之外，还可以聘请行业内高级人才加入教师团队进行一些实践性较强的课程教学，形成校企协同教学团队，建立兼职教师的相关制度，推进行业企业专家的“聘用制”，实现专职教师与兼职教师并存的双导师教学模式，让校企合作在教学层面达到真正的合体。联合教学让学生设计出来的作品既能体现出高等院校的创新水平，又能满足行业市场的实际需求。

2．整合校企资源，建立教学、培训、研究三位一体的实习基地

艺术设计专业在综合性大学中大多是非重点学科，扮演着配角的角色，学校提供的教学资源相对贫乏，因此，对高校及行业的创新资源进行整合，实现共建共享成为艺术设计专业创新应用型人才培养的重要环节。一般综合性大学的艺术设计专业会有一定的专业实验室，但无法完全满足实践教学需

求，因此，可协同企业共同建设校外实践基地，建立教学、培训、研究三位一体的校内外实习实训基地。

首先，教学、培训、研究三位一体的实习基地的建立，应该从学校方面入手，进行教学改革。在校教师传授专业知识通常着重理论知识的讲解，而作为设计学科，只有理论知识是远远不够的。校外实习基地可以让学生直接得到设计师及生产师傅的指导，从而更有机会了解市场需求，熟悉从设计到工艺的流程，培养实践能力。因此，艺术设计专业教学应在保证系统的理论知识教学的同时，让教师参与校外实训基地的实践教学，建立理论教学与实践教学并行的教学体系。其次，三位一体的实习基地建设还需充分发挥学校和企业的长处，加强双方的相互交流与培训。高校应该发挥其知识密集、自身学科齐全的优势，为企业设计人员进行设计理念的系统培训，提高设计工作人员的综合竞争力；企业则可以发挥设计项目集中的优势，邀请教师参与项目设计，在校内实验室、实训室营造工作实践的氛围，让学生得到锻炼。最后，设计不能只是停留在现有市场需求上，深度的设计研究可以带动整个设计产业的水平提升，企业也可以利用高校的人才优势，增强市场竞争能力。因此，高校与企业实习基地的研究性合作非常有必要。

3. 建立阶段性合作教学模式，实现高校与企业的文化交流

综合性大学艺术设计专业的校企合作应以理论指导为基础，实践训练为根本，与企业合作为实践教学搭建实施平台，对各个阶段的学生实行不同的教育方式，建立阶段性合作教学模式。

比如，对大一学生主要讲授设计的基础知识，以案例分析作为辅助。专业课中的实践内容应该集中让高年级的学生讲解所做的实际项目，让大一学生能够更早地了解自己所学专业的特点及其社会地位，而这个阶段的校企合作应该以参观学习为主。经过设计基础课程的学习后，高校可与企业合办设计大赛，并将其穿插到相关的课程教学中，课程成果即为参赛作品，其中获奖作品应该是全面的，既要符合设计的基本要求，还要符合市场需求。在高校与企业联合举办具有实践价值的设计大赛，教师指导学生参赛，并进行公开交流的整个过程中，学生能够相互交流，设计作品也可以得到专家和老师们的指导，这个阶段的合作教学，能够让同学们的沟通能力得到锻炼与提高。

进入大三后半阶段，学生已经具备一定的设计能力，此时的校企合作可以根据课程安排实行“订单制”，将企业的实际项目作为课程作业，根据设计要求临时组建由项目负责人、老师、学生组成的团队，模拟企业项目设计的运行模式，让学生在设计过程中逐渐掌握设计的实际操作流程；对于无法在学校完成的实操部分，则可以在校外实训基地进行。

4. 将校企合作扩展到行业领域，建立行业参与式专业建设模式

校企合作应与行业充分接轨，合作范围不应停留于个别企业，应扩大到一校对多企，甚至扩大到行业协会，这样就不会因为单个企业的变动而导致合作发生变化。

艺术设计专业的校企合作相对缺乏坚实的合作基础。艺术设计专业缺乏高科技含量，教师和学生普遍缺乏实践经验，无法为企业提供实际的设计、技术、策划等方面的服务，而设计公司通常规模较小，接纳能力有限，无法接收成批的学生实习，如此一来，行业协会则可以发挥很大的作用。我们可以建立行业参与式专业建设模式，让学校成为行业协会的主体，行业协会以参与的形式出现，这样的模式可以将设计行业与设计专业教育紧密结合起来，也可以为企业提供更多的高素质人才，更深入地为企业的发展服务。行业协会的平台可将设计企业联合起来，学校通过与该行业众多企业的合作，也能够动态地进行项目导入，从而实现校企合作的可持续性发展。

参考文献

1. 廖建军，杨喜生，叶勇军. 设计艺术类专业校企合作人才培养模式的探讨与实践［J］. 湖南社会科学，2009（3）.

2. 钟香炜. 艺术设计专业协同创新应用型人才培养模式初探：以“真题实做”课题式教学改革为例［J］. 艺术教育，2014（7）.

3. 黎永泰. 装饰艺术设计专业校企深度融合的发展路径研究［J］. 教育与职业，2015（8）.

4. 赵立彬. 普通高校校企合作的深化和可持续发展研究［J］. 文教资料，2011（7）.

5. 孙明海. 高等学校艺术设计专业校企合作实践教学研究［J］. 中国科教创新导刊，2012（6）.

6. 吕金龙，康帆. 构建艺术设计专业实践教学体系的思考：以华中师范大学武汉传媒学院为例［J］. 教学论坛，2010（4）.

7. 陈彩莲. 关于校企合作背景下高等艺术设计教育改革的几点思考［J］. 高等教育研究，2012（3）.

主题教学法在展示设计课程教学中的应用

李女仙①

展示设计是一门实践性、专业性较强的课程，在知识点上它具有交叉性，涵盖了形象策划、视觉传达、展示陈列、空间规划四大范畴的内容。在教学过程中，一些学生面对设计任务无从下手，设计的目标性不强，主题不明确，或是设计形式单一，缺乏创意。教学的关键是帮助学生培养正确的思考方法和丰富的设计思维。笔者以多年的展示设计教学经验为基础，借鉴其他学科的教学方法，探讨展示设计课程教学中主题教学法的应用。

主题教学法是在教学过程中以中心主题为核心展开的教学方法。主题的意义在于从既定的路径进入，寻求多途径的发展，使专业知识与技能得到“渐进、转移、变异”。在教学过程中，围绕设计主题展开，有利于学生有针对性地进行学习研究。展示设计主题教学法是一种理论与实践相结合的方法，其实施是以学生思考与实践的过程来构建的，着重培养学生对设计方法与过程的掌握。

一、主题教学法的特点

1. 教学的过程中以课题项目的形式完成设计实践

教学的过程围绕设计项目开展可以更有效地提高学生设计和制作的能力。所谓项目，在展示设计课程教学中指完成一项具体、完整的设计与制作任务。它是一个案例化的学习单元，把实践知识、理论知识与实际应用情境结合在一起，是提高设计思维和实际设计工作能力的有效途径。在教学过程中，教师把学生需要掌握的知识技能融入到各个项目中去，并且明确每个项目的主要任务，这不但可以让学生学习到相关的理论知识，而且可以让学生在完成项目的同时把所学的知识融会贯通，提高设计实践能力。

2. 注重设计思维的开发

从培养创新思维能力和创新行为能力的角度而言，设计必须走从发现问题到解决问题的道路，找出切合实际的设计手段、方法以解决存在问题。主题教学法可以帮助学生获取、积累和整合知识，构建合理的知识结构和能力结构，并在此基础上发挥自身的潜能和创新能力，为培养创新思维能力和创新行为能力创造基础条件。教师在教学中应该充当起组织者、引导者的角色，真正发挥学生主体性和教师主导性的作用，使教与学最大限度地结合起来，才能取得良好的效果。

3. 注重培养设计思维的逻辑性

针对设计过程所必须掌握的知识技能，主题教学法以方法论为教学总体原则，以设计项目的运作方式为教学形式，在具有严密逻辑性的知识与技术的研习过程中，采用灵活多样的方法与手段展开教学。主题教学法的开展基于“主题”而进行，具有导向性。设计主题应基于前期调研而确定，而后继

---

① 作者简介：李女仙，华南农业大学艺术学院讲师。

的设计基于设计主题而展开，设计的思考过程具有严密的逻辑性，有利于培养学生的逻辑性思维。正是学习过程中这种严密的逻辑性，使学生为解决问题而探求知识的目的与方向非常明确。

二、主题教学法的实施过程

主题教学法是研究性教学的过程，它包括课题调研、确立主题、表现主题、作品展示与验证、作品修改与提交几个步骤，是一系列的研究性学习实践过程。各教学步骤所包含内容如下表所示。

教学步骤表

步骤	教师输入	学生输入
课题调研	1. 理论阐述 2. 视觉资料展示 3. 引导学生开展活动 4. 鼓励学生讨论	1. 对展示内容（包括展示品牌、展品、展示空间、预算等）进行调研 2. 分组陈述并讨论 3. 记录要点和问题 4. 形成初步概念和体系
确立主题	1. 启发与引导 2. 指导学生确定设计主题	1. 确立主题 2. 撰写展示文案 3. 根据设计主题确定设计风格和设计元素
表现主题	1. 视觉资料展示 2. 启发与引导	1. 空间设计（功能分区、平面图及流线设计） 2. 视觉效果（造型、色彩、照明、材质等）设计
作品展示与验证	1. 组织讨论 2. 答疑解惑 3. 提出修改建议	1. 通过语言阐述方案 2. 设计方案图形展示 3. 课堂讨论
作品修改与提交	评论作品	1. 修改与定稿 2. 提交作业

1. 课题调研

课题的前期调研，是确立主题的依据。展示主题的确立是基于品牌形象、展品、展示空间的调研而决定的。首先要对参展企业的品牌形象进行调研，其品牌形象和最新的广告策划、营销策略等对展示主题的确定都有很大的影响；其次要对展品进行调研，展品的设计风格往往决定了展示空间的设计风格；再次要调研展示场地的环境和经济预算等客观条件，它们对展示主题也有制约，如展示空间较小难以营造气势磅礴的感觉；最后要综合考虑各种因素，提炼出最核心的价值，从而确定设计的主题。

2. 确立主题

主题的确立具有对解决问题的明确指向性以及对探明事物本质的导向性和逻辑性，它能够反映展示主体的本质特性。确立主题是经过深思熟虑的，学生只有在自主探索和合作交流的过程中才能真正理解和掌握基本的理论知识和技能，才能获得广泛的活动经验。在教学中教师要起到主导作用，为学生提供充分的合作交流机会，营造探究的氛围。

3. 表现主题

表现主题，就是围绕设计主题以一种探究的态度从功能设计到形式设计开展设计实践。设计过程强调由此及彼的关联性思维，强调由主题引发到演绎、转换的研究方法。在前一阶段对主题进行多向研究的基础上，将所获得的丰富资料和设计元素从空间设计、造型、色彩、照明、材质等方面进行创意设计研究，最终形成能够体现主题思想、有创意、切实可行的设计方案。

主题教学活动的教学过程是师生交往、互动与共同发展的过程。在课堂教学中，为了培养探究意识，应给学生提供大量观察、想象、实践、创新的机会，使教学更容易体现互动的开放式教学模式。

4．作品展示与验证

设计作品完成后，教师组织学生将主题研究与设计的过程以及设计作品用课堂展示与研讨的形式进行学习交流。课堂讨论可以增进教师与学生之间的互动，使每个学生通过师生交流获得广泛的信息，有利于改进设计方案；教师从中可以获得信息反馈以改进教学。学生在与教师探究、互动的过程中，培养了发现问题、分析问题和解决问题的能力。

5．作品修改与提交

学生根据课堂的讨论结果以及教师给出的修改意见进行修改，最后提交设计作品。条件允许的话，还可以在公开的空间（如学校美术馆、图书馆等）展示学生的作品，一方面可以提高其自信心，另一方面也起到学习交流的作用。

三、学生设计作品案例分析

以下通过分析两个学生的设计作品，探究主题教学法在展示设计课程教学中的应用效果。

1．“阿波罗卫浴”展示设计

第一步骤：品牌的调研。

对“阿波罗卫浴”的品牌形象以及产品进行调研。该公司以休闲卫浴作为其发展的主要方向，致力于提供环保、舒适、自然的卫浴体验，产品风格为舒适、优雅、时尚（图1）。

第二步骤：确立主题。

根据“阿波罗卫浴”产品风格确定其主题为“自然·共生——阿波罗卫浴展示设计”，展示设计风格为自然、清新、优雅、时尚。然后撰写展示设计策划文案，将设计构思通过文案的方式表达出来，包括设计调研、设计创意、设计的表达方式等。设计文案是展开设计表现的依据。

第三步骤：从功能设计与形式设计两方面来表现设计主题。

依据设计主题，确定自然、清新的展示风格，然后进行功能设计和形式设计。

功能设计——针对展示功能，对展示空间进行设计，进行技术图纸（平面图、立面图、剖面图等）的设计与表现。

形式设计——针对展示主题与设计风格，对造型、色彩、照明效果、材质、空间的装饰等进行设计，通过技术图纸和透视效果图进行表现。该方案根据展示主题与设计风格，在设计形式上，以布景的形式营造自然清新的氛围（图2）。观众在此环境中能更好地体验展品的特性。

第四步骤：作品展示与验证。

同学们在课堂上通过多媒体展示并阐述自己的设计方案。这既能培养学生的语言表达能力，又可以集思广益，有利于改善设计方案。课堂交流可以验证学生的设计作品是否准确表达了设计的主题。

第五步骤：作品修改与提交。

学生根据课堂上的讨论结果，对设计作品进行修改后提交。

图 1　“阿波罗卫浴”标识及其产品

图 2　“阿波罗卫浴”展示设计（设计：李淑芬；指导老师：李女仙）

2. **苹果公司展示设计**

设计调研：苹果公司的品牌形象简约而时尚，其产品的外观形象也区别于其他电子产品硬朗的感觉，呈现出圆滑的曲线，产品的色彩以简洁的灰白色为主（图3）。

设计主题：根据苹果公司的品牌形象以及产品造型特点，确定该展示设计的主题为“简约时尚——苹果公司展示设计”。

主题表现：在空间设计中，延伸“简约时尚”主题，以灰白为主色调。为了表现苹果品牌圆滑时尚的形象，展馆的外观及展馆内展台的设计都采用圆形的造型，展架也采用圆滑的流线型设计（图4）。

图 3　苹果公司的标识及其产品

图 4　苹果公司展示设计（设计：黄穗怡；指导老师：李女仙）

设计评价：确立的主题能较好地表达苹果公司的品牌形象和产品特点。在造型设计上，线条流畅、灵动，色彩协调且切合主题。总的来说，设计主题和表现形式都比较符合展示主体的特性。

四、总结

主题教学法传授的是设计思维方法，重视的是设计的过程。其有利于激发学生的设计潜能，深化学生的设计观念，增强他们在实践中分析、解决问题的能力。通过教学案例探析主题教学法在展示设计课程教学中的应用过程，可以清楚地看到主题的确立必须以对展示主体的研究为基础，且能反映展示主体的本质属性，以解决具体问题为宗旨。

参考文献

1. 汪建松. 商业展示及设施设计 [M]. 武汉：湖北美术出版社，2001.
2. 王亚明，程宏，艾昕，等. 展示设计 [M]. 北京：中国电力出版社，2008.
3. 简·洛伦克，李 H 斯科尼克，克雷格·伯杰. 什么是展示设计？[M]. 邓涵予，张文颖，朱飏，译. 北京：中国青年出版社，2008.
4. 孙淦. 展示设计专业教学问题的剖析 [J]. 艺术研究，2011（1）.
5. 冉卫红. 揭示术理的教学范式：服装设计主题教学法案例解析 [J]，南京艺术学院学报（美术与设计版），2007（4）.

环境艺术设计专业项目教学的应用探索

翁威奇①

随着生活质量的不断提升，人们越来越注重环境品质，这对环境艺术设计专业人才培养提出更高要求。环境艺术设计专业必须要与时俱进，在日常教学实践中不断探索，尝试运用项目教学打破传统教学局限性，提升环境艺术设计专业教学水平，使培养出的环境艺术设计人才更好地适应市场发展需求。

一、项目教学概念阐述

“项目教学是把实践知识、理论知识与实际应用情境结合在一起，以工作项目为中心，师生通过共同制定教学内容，组织教学过程，以共同完成工作（项目）任务为目的的教学活动。”② 它以项目为载体，以项目实施为过程，在实施项目过程中传输知识、培养学生技能。对于环境艺术设计专业课而言，项目教学打破了原来单独科目各自为政的形式，将多个科目如设计原理、人体工程学、装饰材料构造学、空间原理、设计程序、手绘、制图、CAD、三维表达等融为一体，为完成一个设计任务而进行“知识整合应用”。这一教学模式促进了理论与实践相结合，强调了专业学习的学以致用，将项目的实施过程转化为实践学习的一种方式。项目教学具有很强的实践性，重视学生的具体操作与实践，使每一个学生都能获得实践机会；项目教学具有很强的目的性，是教师为实现教学目标而实施的一种教学手段。项目教学将环境艺术设计理论与实践有机结合，使学生明确学习任务，在任务的驱使下自觉地进行学习，补充项目所需的相关知识。

二、项目教学在环境艺术设计专业教学中的意义

1. 有利于激发学生学习主动性

传统教学大多以教师的讲授为中心，学生被动地接受知识。这种教学方法严重制约了学生的自主学习，导致学生学习兴趣不浓，缺乏主动学习意识。在项目教学过程中，教师起引导作用，学生在教师的引导下完成项目，成为学习活动的直接参与者。“学生在教师的指导下，以项目为基础，以工作任务为依托，以自学、讨论、探究为主体开展教学活动。”③ 无论是前期的项目准备，还是项目实施与评价，学生都直接参与从中学习，学习的目标明确，学习的过程自由、自主，学生的创造性得到充分发挥，学习主动性被充分激发出来。

2. 有助于培养学生的综合能力

项目教学以项目为核心，将环境艺术设计理论融合在项目中，围绕项目的实施开展学习活动。在

---

① 作者简介：翁威奇，华南农业大学艺术学院讲师，高级环境设计师。

② 施黎华. 项目教学设计的着力点［J］. 江苏教育，2013（12）：51－52.

③ 刘树艺. 职业教育中项目教学法的运用［J］. 职业时空，2010（8）：44－45.

环境艺术设计中，一个项目的实施需要用到的能力是综合的，如与设计需求方沟通、分析调研、方案设计、方案表达、设计深化、项目跟进等的能力，而采取项目教学，引入实题，在教学实施中能给予学生一个很好的综合体验过程。教师通过创设项目情景，引导学生自主地开展学习活动；学生在教师的引导下，通过自主学习、小组合作等方式参与项目实施。在项目教学中，学生思维活跃，思维能力得到极大提升；学生亲自参与实践活动，在一定程度上培养了实践能力；项目实施又需要学生在学习中进行合作，从而使学生的合作意识得到进一步加强。项目教学的另一个典型特征是将理论与实践有机结合起来，使学生运用理论解决实际问题的能力得到了提升。因此，实施项目教学有助于培养学生的综合能力。“显然，项目教学法既能训练学生的专业能力，又能促进其跨专业能力的发展（如独立与协同工作的能力、制订计划的能力等）。”①

3．有助于增进师生互动

项目教学改变了环境艺术设计专业教学传统的模式，它更尊重学生的学习主体地位，使学生成为学习的主人，学习需求强烈。教师积极地为学生营造和谐的项目情景，使学生更好地进行项目活动。师生关系的改变必将有效增进师生互动，教师成为学生学习的引导者、组织者，学生将教师视为学习伙伴，师生之间的互动更频繁、更有效。

三、项目教学在环境艺术设计专业教学中的应用

项目教学在环境艺术设计专业教学中的应用主要包括以下几个环节：选项、立案、分组、实施、评估。

1．选项

选项就是根据环境艺术设计专业教学目标选择并确定项目，这是实施项目教学的前提。在此环节，教师与学生共同讨论项目的题目，给学生介绍项目背景、设计需求、工作任务等，并引入完成本项目有关的概念、原理、方法等。在选项环节要注意以下几个方面：首先要紧扣教学目标。项目教学的目的是落实教学目标，因此，选项必须要紧扣教学目标，项目选择要有助于实现教学目标。其次要注意结合学情。项目实施必须要依靠学生，充分调动学生学习主动性，因此，选择项目要充分考虑学情，尤其要注意项目的可操作性，只有适合学生的项目才能激发学生参与的主动性。最后要引导学生参与立项。项目的实施者是学生，对于什么样的项目最能吸引学生、激发学生参与热情这个问题，只有站在学生的角度才能准确地把握。教师要引导学生参与选项，为教师的宏观指导提供依据。师生共同参与立项才能使项目选择更具典型性，使项目教学既具有导向性，也调动学生的积极性，抓住学生的兴奋点。

2．立案

立案是指确立项目教学的具体计划与方案，它们直接影响着项目教学的有序、有效实施。教师要根据教学目标与选择的项目定好计划。首先，明确项目追求，即项目教学要达到怎样的预期目标。其次，明确项目行为。在项目教学中，要明确师生具体分工，即教师的行为是什么，学生怎么参与项目，以怎样的形式参与项目，参与项目的要旨是什么。最后，明确项目要点。项目教学是一项系统工作，只有抓住要点，精心备教，才能达到项目教学的预期效果。

3．分组

项目教学通常以团体合作的形式进行，教师要根据项目特点、学情合理地对学生进行分组。首先，

---

① 叶鹏．实施项目教学法的若干问题探讨［J］．常州信息职业技术学院学报，2011（1）：79.

根据项目特点进行分组。项目的难易度、操作难度大小等都会影响项目进程，教师要根据项目特点分组，难度小、易操作的项目可以小组的形式推进，难度大、工作量大、难操作的项目可以大组的形式展开，确保全员参与并完成项目。其次，根据学情合理分组。每一个学生的学情是不相同的，我们要根据学情进行分组，防止出现两种极端现象，将综合能力高低合理搭配分组。同时，考虑学生意愿，允许学生根据自己的兴趣自行分组，教师进行宏观调整。

4. **实施**

实施是环境艺术设计项目教学的关键，包括项目准备与具体操作。项目准备是教师根据项目教学实施方案引导学生做好准备工作，包括信息收集、项目方案筛选等，确保项目教学实施；在具体操作阶段，教师要组织学生做好项目方案交流、项目过程演示、项目成果展示等环节。

5. **评估**

项目评估是对项目教学进行反思的环节，此环节要注意以下两个方面：①评估主体多元化。单一的评估主体很难得出全面客观的评价，除了传统的教师评估外，要引进学生评估主体，进行小组间交叉评价，也可以引入第三方评估主体，如邀请一线设计师对项目的设计进行评价等。②优化建议评价。评价的目的在于巩固与提升，评价建议有助于促进学生进行项目反思，在反思中进行知识重构。优化建议也是学生进行知识迁移的过程，有助于培养学生的创新思维。

四、项目教学实践应用反思与建议

项目教学的应用无疑促进了环境艺术设计专业教学，但在具体实践应用中还存在一些问题需要我们注意：从教师层面分析，项目教学对教师的职能结构以及教学驾驭力提出更高要求，教师准备工作量大。项目教学与一般的课堂教学相比，教学情况复杂，教学中自然生成丰富，教学实施环节多，这都需要教师提升教学驾驭能力，课前精心做好准备工作。从学生层面看，项目教学注重学生的实践体验，学生要充分发挥主观能动性，做好信息收集、整理、优化与迁移工作。从学习时间与空间分析，项目教学时间消耗明显增大，教学空间得到无限延伸。

针对项目教学中出现的新问题，教师要加强环境艺术设计专业教学研究，不断提升自身既为教师又为设计师的双师能力与课堂驾驭能力，确保教师主导的实效性；要善于营造良好的项目教学氛围，激发学生学习兴趣，使学生积极主动地参与项目教学活动；要努力拓展项目教学时间与空间，将项目教学从课堂向课前、课后延伸，合理运用好课余时间。教师要具有创新意识，突破传统教学思想，根据环境艺术设计教学内容将课堂延伸至企业、社会等，尝试在真实环境中进行项目教学，提升项目教学实效性，培养出适应社会发展需求的环境艺术设计人才。

第二部分

课程设计

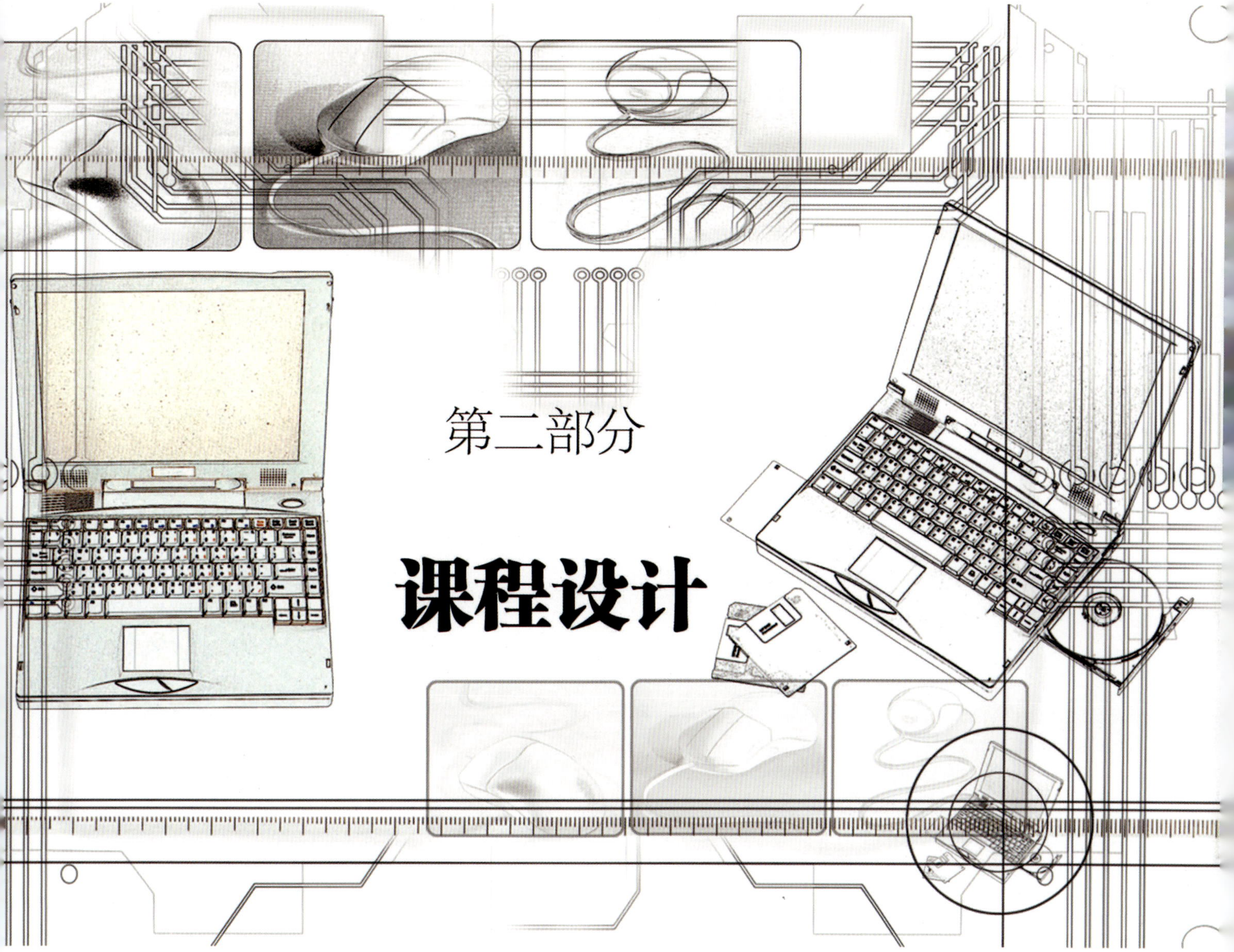

“餐饮空间室内设计”实践环节

任课教师：吴宗建

一、课程性质与任务

餐饮空间室内设计是环境设计专业的拓展课程，同时也是环境设计专业必备的专业课程，包括理论与实践两大环节，主要讲授的是餐饮建筑室内空间的设计原则、构思及创意。

二、实践教学目的与要求

实践教学目的：通过实践使学生的创新设计更贴近市场的要求。在实践中分三个层面达到目的：①了解餐饮业的现状和风格潮流；②理解餐饮空间设计对可持续经营的促进作用；③掌握顾客需求对室内环境规划的影响以及餐饮空间设计要点。

实践教学要求：学生通过对真实案例的设计，掌握餐饮空间室内设计的基本知识，了解现代餐厅的构成部分，掌握餐饮空间设计的风格、元素、主题、技术以及预算等专业知识。

三、实践教学重点与难点

实践教学重点：通过接触市场和对真实案例进行研究，让学生了解餐厅环境要素在整个餐厅生命周期各阶段中所起的作用，训练学生对实际问题的洞察与分析能力和相应的设计创新能力。

实践教学难点：让学生熟悉空间布局对餐饮持续经营的作用，同时掌握营造低成本、高体验特色餐饮空间的创新设计能力。

四、实践教学方法与手段

提供两个以上的真实项目，让学生组成项目小组进行选题和设计。要求项目组成员进行现场考察，调研周边餐饮业态、场地现状和消费群体，参观同类餐饮空间并进行实测研究，将实测成果作为项目设计的参考依据，并根据成果要求提交一整套完整的设计文本。

在过程中通过课堂多媒体分析评讲，组织项目组进行讨论，复习餐饮空间室内设计的基本知识，深化项目设计。

成果评定模拟行业评审方式，邀请行业内知名设计师和项目业主代表组成评审小组，学生项目组进行方案汇报，最终根据评审小组的意见评选出优秀的设计作业。

五、实践阶段与内容要求

实践阶段	成果内容	实践场所
第一阶段：了解客户	了解企业概况、投资意向，确定项目市场定位	现场、网络
第二阶段：项目调研	周边环境考察、现场实测、同类项目分析	市场、现场
第三阶段：方案设计	主题构思、功能布局、流线分析、风格定位、材料选择、造价控制	课室、实践基地
第四阶段：成果编制	写设计说明，绘制分析图、效果图	课室、实践基地
第五阶段：方案评审与总结	制作 PPT 汇报文件、A4 大小设计文本	课室

六、考核办法

从考查调研能力、设计成果质量以及汇报表现三方面进行考核。成绩评定中考查调研能力占 20%，设计成果质量占 50%，汇报表现占 30%。

附：实践作业要求

各小组从以下两个实践题目中任选一题。

1. 实践作业一

项目名称：金河铁板烧餐厅改造设计。

项目地点：佛山市保利水城。

项目投资：300 万元人民币。

设计内容：品牌形象、菜品优化、功能规划、空间设计、VI 系统设计。

提交成果：

（1）A4 大小设计文本（含设计说明、分析图、平面图、天花图、照明设计、效果图、VI 系统应用图、意向图、估算表）。

（2）PPT 汇报文件。

2. 实践作业二

项目名称：九鼎恒益烧腊餐厅设计。

项目地点：佛山市九鼎运动时尚城。

项目投资：500 万元人民币。

设计内容：品牌重新定位（加盟恒益店）、在恒益烧腊陈皮村分店的菜品中选择适合佛山消费群的菜品、功能规划、空间设计、VI 系统设计。

提交成果：

（1）A4 大小设计文本（含设计说明、分析图、平面图、天花图、照明设计、效果图、VI 系统应用图、意向图、估算表）。

（2）PPT 汇报文件。

学生作品一：金河铁板烧餐厅改造设计

平面布置图

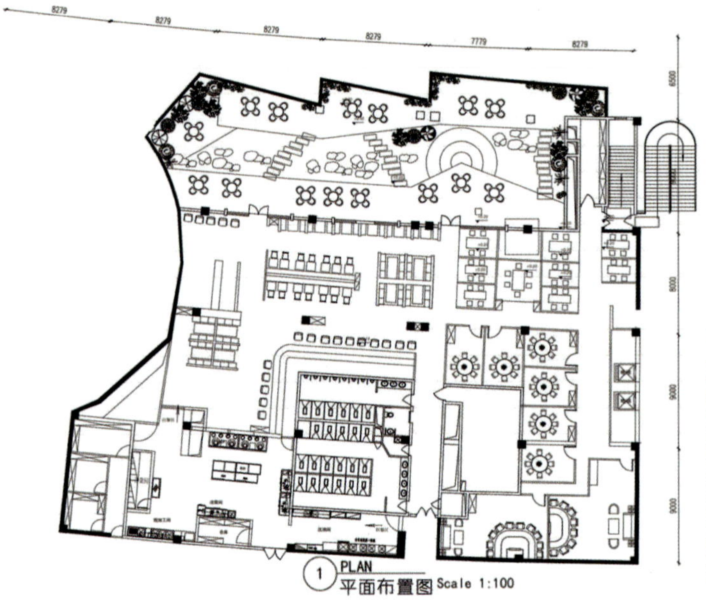

餐厅概况：

类型	数量	规格	人数
六人卡座	8	1800x2100	48
单人吧台座	15	350x400	15
双人卡座	6	600X800	12
四人散座	15	800x800	60
双人散座	14	600x800	28
四人榻榻米	8	800x1800	32
八人包间	6	直径1500	48
大包间 8-10人	2	4300x3000	18

餐位总计：261位

餐厅总面积：800平方米

AMERI
GOLDEN
RIVER

AMERI

いろはにほへ

学生作品二：九鼎恒益烧腊餐厅设计

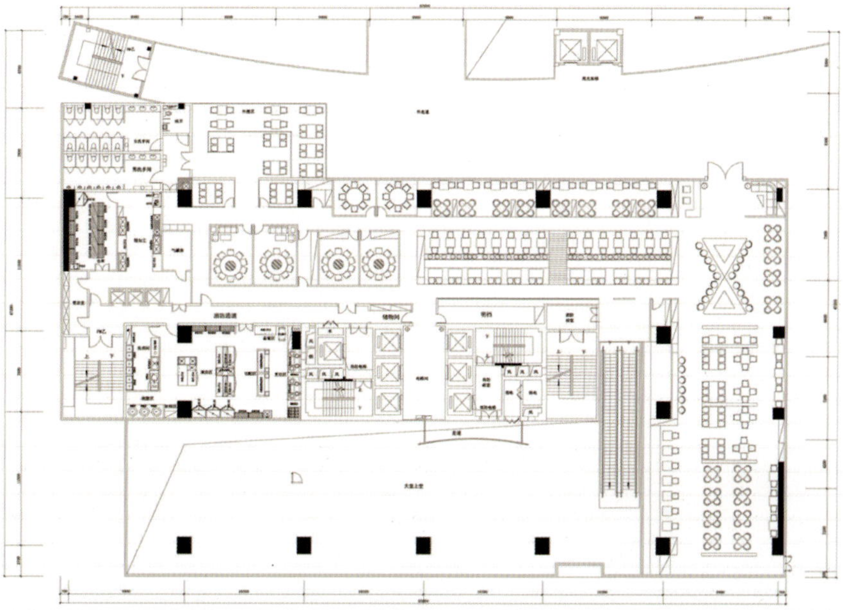

總面積：1240㎡
營業面積：1030㎡
廚房面積：210㎡
餐位：332个

居住空间室内设计

任课教师：陈薇薇

一、课程大纲

（一）课程性质和任务

1. **课程性质**

本课程是环境艺术专业学生的一门专业必修课。

2. **课程任务**

通过理论讲授与实践教学，使学生正确理解居住空间设计的相关概念，了解居住空间设计内容分类以及方法步骤，让学生掌握居住空间各环节具体设计内容与要求，熟练掌握居住空间的功能空间组织和界面处理、采光照明设计方法、陈设布置方法等，让学生能够运用正确设计程序、方法、原则和原理创造出满足人们物质与精神生活需要的居住空间环境作品，培养学生运用空间功能、照明、色彩、家具等综合表达空间的设计能力。

（二）课程教学目标

1. **知识目标**

掌握居住空间设计的概念与定位、历史与现状、功能与要求，居住空间内部各类型空间的功能及组织与处理方法，居住空间设计中的色彩设计、照明设计、陈设设计及绿化设计，居住空间设计中的材料与构造、施工及安装方法。

2. **能力目标**

熟练运用居住空间的设计程序、方法、原则，具有较强的居住空间设计能力，具有较强的实践能力和理性思维能力。

（三）教学方法

（1）课堂讲授为主，利用多媒体课件进行教学以及优秀设计案例分析。

（2）运用启发式教学、讨论式教学、开放性教学、互动式教学等教学方法。

（3）进行现场考察与调研，结合现场教学，强调实践操作，加强学生解决实际问题的能力，培养学生的设计创新意识。

（四）课程教学内容和目标

1．理论教学部分

（1）居住空间设计概述（了解）。

①居住空间的含义及特点。

②居住空间设计的目标。

③当代居住空间设计的发展趋势。

教学重点及目标：对整个课程进行介绍，结合视频教学讲述设计案例故事，以讲述装修故事、观看网络装修日志的方式介绍课程，使学生对该课程产生学习兴趣，明确该课程的学习目的。

（2）居住空间设计的原则与分类（理解）。

①居住空间设计的基本原则。

②居住空间的功能分区。

③影响居住空间设计的因素。

教学重点及目标：通过多媒体授课以及案例欣赏和实例分析，对居住空间设计的基础理论知识进行讲解，让学生理解相关设计原则和家庭居住空间的功能分区，明确设计工作中与之息息相关的因素。

（3）居住空间内各部分功能空间的设计（掌握）。

①门厅的设计。

②客厅的设计。

③餐厅的设计。

④卧室的设计。

⑤书房及工作室的设计。

⑥厨房的设计。

⑦卫浴间的设计。

⑧储物间的设计。

教学重点及目标：按照居室内功能分区进行分段教学和设计实训，结合案例进行分析讲解，使学生掌握门厅、客厅、餐厅、卧室、书房、厨卫空间、储物间等各功能分区的设计处理要点及整体协调关系。

（4）居住空间的设计要素（掌握）。

①居住空间的色彩设计。

②居住空间的采光及照明设计。

③居住空间的家具与陈设设计。

教学重点及目标：通过多媒体授课以及案例欣赏对居住空间各设计要素进行讲解，组织课堂讨论，让学生掌握居住空间内的色彩设计、采光及照明设计、家具与陈设设计手法以及相互之间的协调统一，能够为空间进行设计配色、陈设装饰。

（5）居住空间设计的程序（理解）。

①设计前期准备与条件分析。

②方案设计。

③方案实施。

教学重点及目标：通过多媒体授课和装修实例分析，对居住空间设计的程序进行讲解，使学生了解居住空间设计的工作程序、施工与设计的前后衔接、装修施工过程，同时让学生学会如何进行设计思考以及拿到设计任务后如何开展设计工作。

2. 实践教学部分

（1）市场调查。

①材料市场调查。

②家具市场调查。

③灯具市场调查。

教学重点及目标：通过市场调查，使学生了解居住空间设计中材料的种类、用途、安装与施工方法以及家具和灯具的样式风格，通过实践，获得更为直观的第一手材料。

（2）实地考察。

①实地考察施工现场。

②实地考察样板房。

教学重点及目标：通过实地考察，使学生直观体会施工状况与成品设计，了解施工现场和成品样板房状况。

（3）现场勘察。

①现场实地勘察测量。

②绘制原始平面图。

教学重点及目标：带领学生现场实地勘察测量与绘制原始平面图，使学生获得现场直观感受和第一手原始设计资料。

（4）课题设计。

①下达课题设计任务书。

②方案设计。

③深入设计。

教学重点及目标：将本项目实践由设计草图发展为可实施的深化设计方案，向学生下达课题设计任务书明确设计方向，使其按计划实施方案设计与深化设计并最终完成设计任务。

二、课程阐述

（一）课程基本情况

本课程在第 5 个学期开设，总课时为 48 课时，每周 2 次，每次 4 课时，整个课程持续 6 周，后续 4 周为学生完成课程设计时间。课程对象为环境艺术专业三年级本科生。

（二）学生知识情况

课前课程包括工程制图、效果图表现技法、室内设计原理、人机工程学、3D 效果图制作。学生经过两年的专业平台课程、专业准入课程的学习，已具备一定的设计基础知识，对于空间效果图表现以及施工图绘制的方法已基本掌握，同时已经学习并掌握室内设计的基本知识以及室内与人机工程学的关联，为学习居住空间室内设计课程打下良好的基础。

（三）课程简介

本课程在专业基础课程结束，专业设计课程开始时开设，着力培养学生的前期基础专业知识的整合、运用能力，以居住空间为着眼点，使学生掌握设计的基本技能，具有承上启下的作用。

本课程力求把握居住空间设计艺术的前沿动态，着眼于新技术、新材料、新手段在居住空间设计中的应用。在教学方法上，采取课堂理论教学与校外社会实践相结合的方法。在教学手段上，通过多媒体以及大量丰富的图片和视频资料，拓宽学生的专业视野，使学生在学习相关基础知识的同时也可以获得更为直接的设计体验。

三、课程作业

课程作业包括两个项目，分别为小户型家居设计以及别墅空间设计。

首先，课程过半时，完成小户型家居设计。老师给定小户型空间，面积约为比较容易上手的50平方米，并设定不同的居住人群，使学生通过对一个空间的三个不同平面布局的设计，训练创意性设计思维，同时也锻炼学生针对不同居住人群的不同家居要求做出合理功能设计的能力。

其次，以分组合作的方式完成别墅空间设计。老师提供两套不同户型的别墅建筑，学生需要通过实地测量来完成建筑原始图的绘制，并且经过讨论选择感兴趣的其中一套作为设计对象，并拟定设计任务，所有的设计步骤都要求通过小组协商、探讨来确定，采取这样的课程作业方式目的在于培养学生的团队精神，在训练学生设计能力的同时加强学生相互合作的能力。

最后，所有课程作业完成后，进行展示汇报，举行课程展览展示，通过展览进行作业评定。

（一）小户型家居设计作业要求

（1）完成三个不同居住对象的平面布局设计，按绘图要求绘制平面布置图。

（2）绘制效果图两张以上，要求体现主要空间的设计效果。

（3）每个方案需要有相应的设计说明。

（4）所有作业排成A3版面，注意整体风格协调及版式美观。

（二）别墅空间设计作业要求

（1）制作全方位的设计记录（尺寸为A3），要求记录整个项目实施过程，包括所有的草图、文字、讨论记录等。

（2）别墅施工图应包含平面布置图、天花布置图、地面铺装图、主要空间的立面图、构造节点详图（根据需要绘制）。

（3）别墅效果图应包含客厅效果图、餐厅效果图、主卧效果图、次卧效果图、书房效果图等。

（4）设计说明篇幅为800字。

（5）A3册子装订，要求有封面、目录、设计总结，版式需要与设计风格统一。

（三）作业分析

教师评语：该生手绘能力较强，设计方案能够根据不同的要求进行功能布局，整体平面布置较为合理，最终方案的设计对于风格的体现把握较好。

教师评语：该设计方案能够充分考虑到不同家庭对于居住环境的要求，并能做出相应的功能布局，设计思维比较活跃，最终方案的设计能够完整体现出设计风格要求。

教师评语：该方案设计的是一栋3层别墅，业主家庭一共四口人。整个方案设计从“大隐于市”出发，体现中国传统文化与现代元素的共生，能够用现代的艺术元素来演绎中国传统表情，采用木材、竹材与壁纸、布艺进行软硬碰撞，设计出舒适温馨的居住环境。别墅内部的功能分区和平面布局也较为考究，能够将动静分开，空间动线较为流畅，使用起来非常方便，体现出居住的高品质。此方案无论在功能处理和风格设计上都比较完整。

教师评语：该方案设计的是一栋4层别墅（含地下一层），居住家庭为五口之家，三代同堂。在功能布局上，该方案比较完整，将家庭娱乐、休闲聚谈等的活动空间与私人休息、工作等的私密空间进行合理的安排，整体布置得当。设计风格是东南亚风格，设计中能够把握东南亚风格的特点并运用到界面、色彩、陈设的设计之中，多以自然的木材为主要装饰材料，贯穿着返璞归真的装饰理念。但方案在局部的细节处理上有一些欠缺，餐厅以及水吧装饰处理比较生硬。

教师评语：该方案设计的是一栋3层别墅，家庭成员有五个人，设计的出发点是给客户一个温暖的港湾。整体的功能考虑周全，能够满足每个家庭成员的不同需求，但具体的平面布置还不够完善，一层空间的利用率较低，没有充分利用。设计风格是中式风格，运用了较多的中国传统装饰图案，装饰材料以木材、仿古砖为主，体现出中式风格的特点，但是个别空间的装饰较为烦琐，中式元素的运用太过集中。

构成基础

任课教师：翁威奇

一、课程性质与任务

构成基础是环境设计专业课程中从基础课向专业课过渡的关键内容，是环境设计专业的专业基础课。它包括平面构成、色彩构成和立体构成三部分，以纯粹的构成手法为研究对象，运用逻辑思维与形象思维相结合的训练模式。它培养学生对于构成的形态、色彩、肌理、空间等的创造性构思和造型能力。学生可通过该课程的学习，开拓设计思路，培养造型能力，提高审美能力和开拓创新精神，为以后的专业学习打下良好的基础。

二、教学目的与要求

教学目的：通过本课程的学习使学生能掌握构成基本要素，把握构成表现形式，培养学生的审美能力、构成能力、想象能力，提高学生的形象与抽象思维能力、设计创造能力和艺术思维能力，以培养学生的创新意识为目的，从而为提高应用设计能力打下基础。该课程强调训练与图例相结合的讲解方式，教学循序渐进。就每一构成要素及构成法则做针对性的练习，重点在指导和讲评，逐步提高学生的构成能力，为今后创造性课程打好基础。

理论教学要求：

（1）了解平面构成、色彩构成和立体构成的理论知识以及构成的基本原则和方法。

（2）正确理解平面构成、色彩构成、立体构成的设计理论。

（3）掌握平面构成、色彩构成、立体构成的概念、造型要素、形式要素。

实践性教学环节要求：

（1）通过对构成的各种形式的练习，能够设计符合构成原则的作品。

（2）理解构成练习过程的循序渐进原则，合理安排时间，在不同学习阶段有针对性地练习。

（3）掌握平面构成、色彩构成、立体构成在设计实践中的运用原则和基本设计方法。

三、教学重点与难点

重点要求学生掌握平面构成的基本要素——点、线、面，了解它们的性质及作用，并联系设计实例分析点、线、面在设计中的体现和运用，重点掌握平面构成的形式美法则及其运用；掌握色彩三大要素——色相、明度、纯度，学会正确运用色彩对比及色彩调和理论方法，了解色彩心理对设计的影响。还要深化学生对立体形态的认识，使其掌握基本的造型方法以及建立良好的空间意识。

难点在于平面构成基本要素点、线、面在设计中的运用，以及形式美法则的体现。要让学生理解色彩在不同类型的设计中的功能和作用，准确地把握每一种设计种类对色彩运用的要求和特点，以便于在设计中做到灵活运用。引导学生进行形体、形状、大小、质感、色彩、体积、容积、光影等要素在三维空间中的组织和关系的研究。

四、教学方法与手段

本课程以多媒体课件形式讲授，图文并茂，将相关专业理论知识结合大量设计范例进行分析，结合前期教学的成果，再增加一些不同阶段的典型案例，逐步引导学生掌握构成的组织规律及构成形式要素。

五、教学内容与目标

第一部分：构成主义的产生与发展（了解）。

第二部分：平面构成。

（1）平面构成中基本元素的视觉训练（掌握）。

（2）群化组合法的训练（掌握）。

（3）形与平面空间的构成方法（掌握）。

（4）造型艺术的形式语言的表现（理解）。

（5）数理分割法的训练（掌握）。

（6）均衡分割法的训练（掌握）。

（7）具象形变抽象形构形法（理解）。

作业（一）：单形造型。

要求：加法、减法、加减综合（在 A4 幅面绘制）。

作业（二）：群化组合。

要求：对称性群化组合、错位性群化组合、方向性群化组合、变异性群化组合（在 A4 幅面绘制）。

作业（三）：数理分割。

要求：绘制正方形、黄金矩形、叠席矩形、三角形等（在 A4 幅面绘制）。

作业（四）：均衡分割。

要求：自由地进行形的分割的造型手法，构成具有均衡感、动态感的图形（在 A4 幅面绘制）。

第三部分：色彩构成。

（1）色彩的物理、生理、心理基本要素（理解）。

（2）色彩体系介绍（理解）。

（3）色彩系列与设计运用（掌握）。

（4）色彩的表现——质感、混合、同化（掌握）。

（5）色彩的表现——空间感、动感（掌握）。

（6）大自然的启示（理解）。

作业（一）：色环制作。

要求：制作纯色色环及其各种色系色环（分别标明 CMYK 数值，在 A4 幅面绘制）。

作业（二）：色彩表现。

要求：制作春夏秋冬四季的色彩表现（在 A4 幅面绘制）。

作业（三）：色彩空间感与动感表现。

要求：自定一个题目，或以某节日气氛表现色彩（在 A4 幅面绘制）。

作业（四）：色彩综合应用。

要求：表现大自然的美丽色彩，包括植物的形象、体现生命力顽强的画面、天然的肌理等（在 A4 幅面绘制）。

第四部分：立体构成。

（1）平面到立体的转换（理解）。

（2）半立体构成法（掌握）。

（3）基础造型法——直面体（掌握）。

（4）基础造型法——曲面体（掌握）。

（5）单体组合（理解）。

（6）群体组合（理解）。

作业（一）：半立体构成。

要求：在限定的平面（卡纸）内进行一刀切、两刀切，如此类推，在不损坏卡纸的外形的情况下，利用切口进行由平面到立体化的空间变动。

作业（二）：单体造型（直面体、曲面体）。

要求：理解形体的虚与实的相互关系，运用基础造型法中的加法与减法做单体造型的基础造型练习。制作直面体、曲面体（30cm×30cm 以内）。

作业（三）：群体组合。

要求：选定要素，将平面构成、色彩构成、立体构成的知识进行综合运用，通过有目的的组合加工，构成整体统一的新形态（50cm×50cm 以内）。

六、课程情况与课时分配。

本课程在第二个学期开设，总课时为 48 课时，每周 3 次，每次 4 课时，整个课程持续 4 周。课程对象为环境设计专业一年级本科生。

教学内容	课时分配	
	理论	实践
平面构成	8	8
色彩构成	8	8
立体构成	8	8

七、学生作品

点与黑白渐变（陈荣杰）

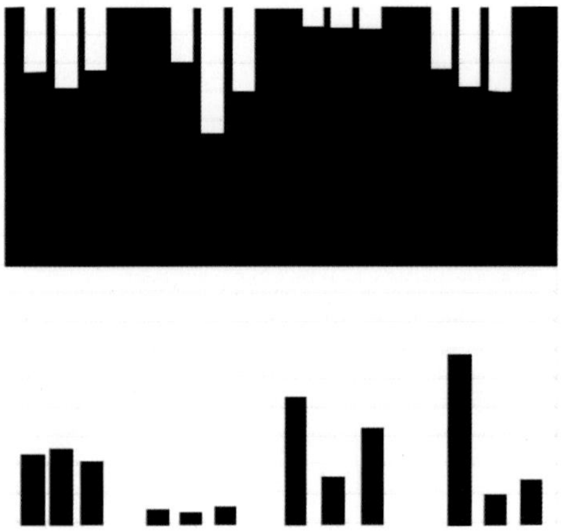

线面与黑白对比（黄梓仁）

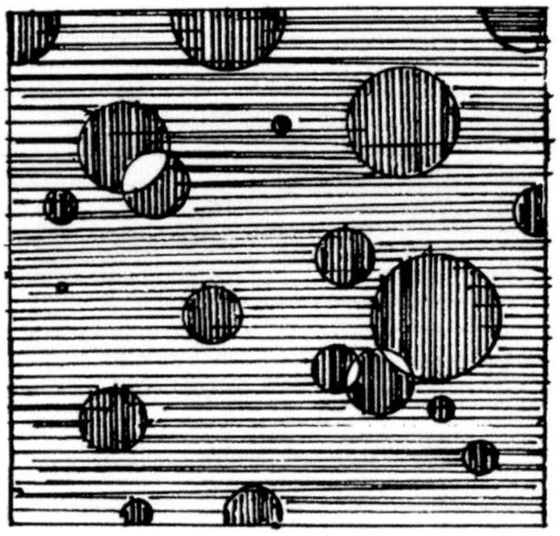

点线面以灰为主的表达（周志强）

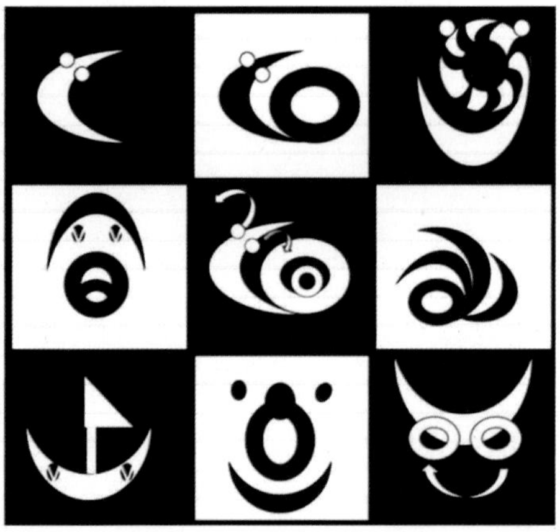

形状近似构成（陈景怡）

数理分割构成（黄朝晖）

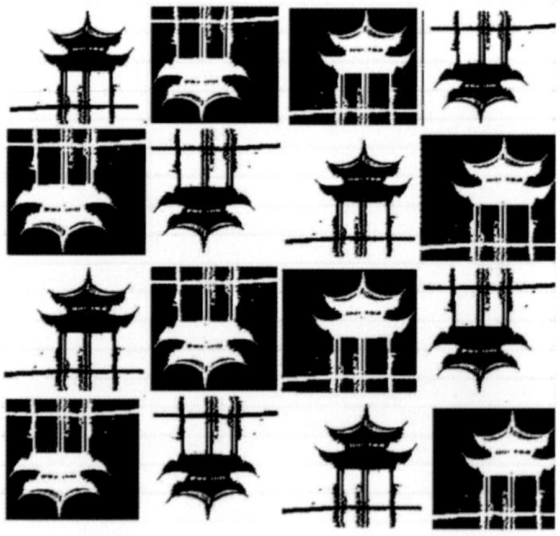

基本形的单元反复排列（林嘉怡）

色彩的变调构成（洪瑾）

色彩的季节表现（林秀岚）

纯色调与黑白的点线面组合（李深键）

明灰与暗灰的表达（陈奕因）

中灰与暗灰的表达（罗丹芮）

等面积色彩构成（何竞琳）

天空之境

灵感来源

盐湖水干涸后，地表形成一层盐壳，盐花呈网格状凸起，有独特的肌理感。盐层的群化、大小、位置、节奏、白色等元素是否能运用到建筑构思上？

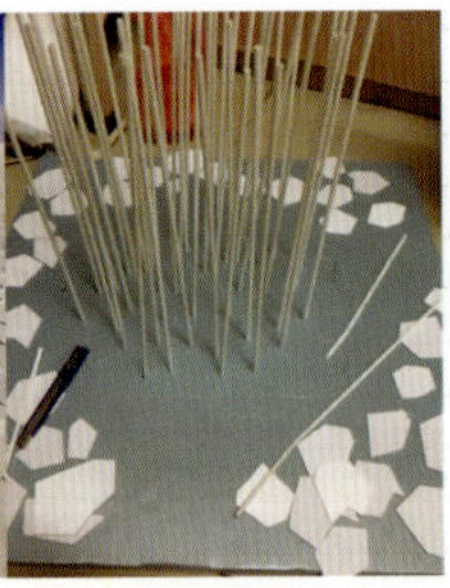

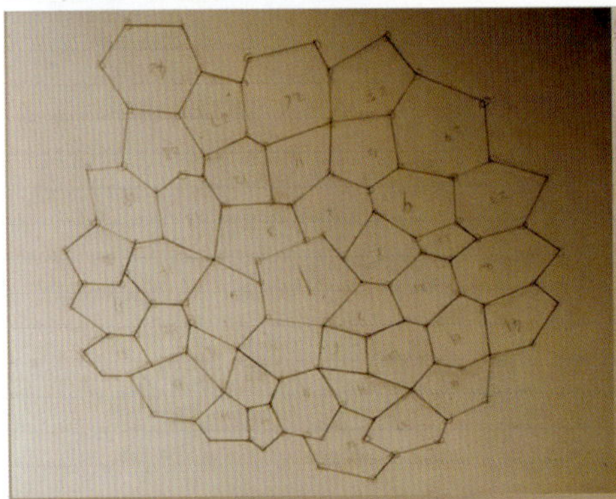

用群化组合，表现出盐层给人的印象，独具风格。夸大每一格盐层的形状区别、大小不一，用胶棍作为支架固定，从而形成高低错落的效果。数量较多的“盐层”具有秩序感和稳定性，同时大小、形状、高低又互不相同，可形成夜景城市的错落美。

班级：16环境设计3班
姓名：陈嘉杰 郭智建 陈晓星
指导老师：翁威奇

第三部分

学生论文

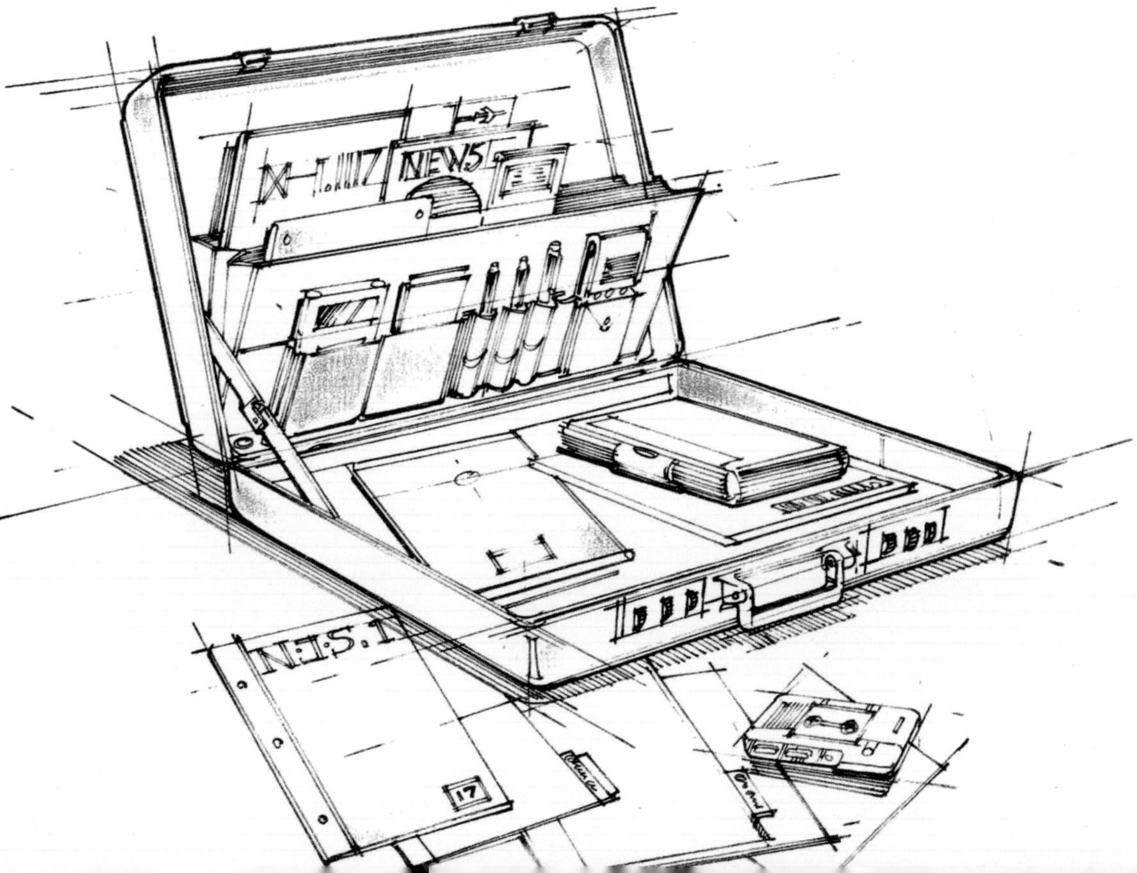

浅谈岭南历史风貌建筑保护性利用①

吴宗建　于　露②

一、岭南历史风貌建筑概述

（一）历史风貌建筑概述

天津市于2005年7月20日出台了《天津市历史风貌建筑保护条例》，这是我国最早的一部关于历史风貌建筑保护的地方性规章制度。按照《天津市历史风貌建筑保护条例》的定位，历史风貌建筑包括以下类型：建成50年以上，在建筑样式、结构、施工工艺和工程技术等方面具有建筑艺术特色和科学价值的建筑；反映本市历史文化和民俗传统，具有时代特色和地域特色的建筑；具有异国建筑风格特点的建筑；著名建筑师的代表作品；在革命发展史上具有特殊纪念意义的建筑；在产业发展史上具有代表性的作坊、商铺、厂房和仓库等；名人故居及其他具有特殊历史意义的建筑。而历史风貌建筑集中的街区为历史风貌建筑区。

2014年广州颁布了适用于广州历史风貌建筑的保护办法——《广州市历史建筑和历史风貌区保护办法》（以下简称《办法》）。与天津的保护条例不同的是，30年以上的这类建筑只要符合《办法》中历史建筑和历史风貌区的认定条件都可纳入历史风貌建筑的保护行列。

（二）岭南历史风貌建筑类型及特色概述

历史上，岭南北靠五岭，南邻海南，西连云贵，东接福建，范围甚广。由于历代行政区划的变动，现今的岭南特指广东、广西、海南、香港、澳门五地。

岭南历史风貌建筑主要有两类：一是为适应地理气候等环境因素而形成的特色传统建筑；二是近代以及新中国成立以来受外来文化影响形成的建筑。岭南传统建筑除了运用大家所熟悉的中国传统建筑样式、构造以外，其特色主要体现在构成要素都为适应区域的地理气候环境而改建，特别注重通风降温。近代以来的岭南建筑风格是在“古今中西之争”的文化背景下生成与发展的，西方文化的渗入、社会的变革、民族意识的觉醒使固有的文化传统对先进并富有侵略性的西方建筑文化进行自我调适、融汇创新，形成了独特的中西建筑造型风格；同时广东是中国的第一大侨乡，港澳侨乡建筑也是组成近代岭南建筑的主体内容和一大特色。

二、岭南历史风貌建筑再利用过程中面临的问题

岭南地域一直存在着一批具有较高历史、文化、科学、艺术和人文价值并反映时代特色和地域特色的建筑和著名建筑师的代表作。它们在当地形成了浓郁的异国风情以及民国时期的建筑风格，造就

① 本文发表于《美术大观》2016年第3期。

② 作者简介：于露，华南农业大学艺术学院2012级环境设计专业学生。

了与中国其他城市截然不同的城市风貌。随着历史的变迁和经济的迅猛发展，这些建筑或多或少遭到自然和人为的破坏，虽然仍有部分完好保留下来，但由于缺少对这类建筑的规划和相关法规，再加上我国近年来城市房地产开发的热潮，这些建筑面临不小的威胁。

自《办法》出台以来，经过专业部门普查、申报、反复征求专家和相关单位意见，广州市政府于2014年先后确定了两批历史风貌建筑名单，共计478处。广州是目前全国一次性公布历史建筑最多的城市。同时岭南各个地区近年来对历史风貌建筑加大重视。

历史风貌建筑存在着产权问题，因部分建筑属于个人私有财产，屋主有权对其进行改造甚至重建。屋主本身的保护意识不强，势必会给保护及二次利用带来一定的困难。部分历史风貌建筑位于比较尴尬的地段（城市中心），其风格和功能与该区域格格不入，对周边环境造成一定的影响。

由于保护性利用过程中存在经济困难，加上历史风貌建筑的年代跨度大、种类多，对不同类型的建筑应有针对性地保护，所以可再设计利用的建筑类型有限。在这个过程中收益慢，其间又存在不确定因素，所以这将是一笔数目大且短期内不见回报的文化投资。如今对于该类建筑的保护案例多于利用案例，很多保护性利用仅停留在理论之上，实践性不强，创新的可实施方案少。

三、岭南历史风貌建筑保护性利用策略

保护是前提，再利用是目的，对于岭南历史风貌建筑的保护性利用策略主要把握两点："针对性"和"创新性"。

（一）实施针对性的严格保护与利用

自清末、民国、新中国成立初期至改革开放以来，每个历史阶段的建筑无论是在建筑结构、风格特征或是功能分类上都各具特色。我们应该对各个时期的历史风貌建筑进行针对性的开发保护利用。

岭南地区保护性利用此类建筑有很多成功案例可供我们借鉴。其中之一是位于广州市越秀区惠福东路的青云书院。青云书院有三百多年历史，总面积341平方米，是典型的岭南传统祠堂书院建筑。为适应湿热气候环境，岭南传统建筑特别注重通风降温。青云书院平面布局（图1）疏密得当，巷道组织自然通风；建筑空间高低错落，尊重自然环境，与地形地势结合；厅堂开敞，门窗隔扇轻盈通透，利用温度差和气压形成穿堂风，达到降温、散热、防潮防蛀的目的。

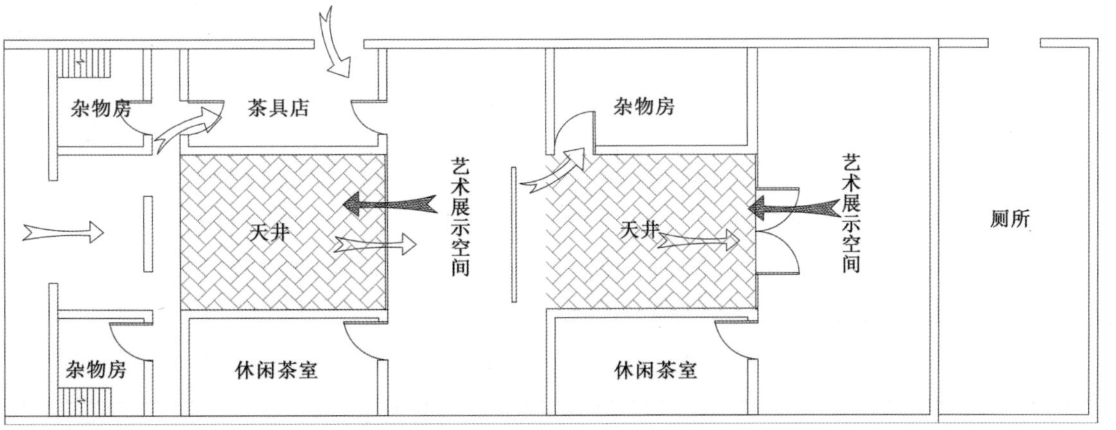

图1　青云书院平面布局（绘图比例1∶22）

青云书院为文物保护单位，但并不影响其使用价值。出于保护非物质文化遗产的目的和对岭南传统古建筑的尊重，广州大学美术与设计学院吴宗敏教授率领他的设计团队对书院进行“修旧如旧”的维修和复原，最大限度地保留了书院原本的建筑元素，使这座清代的祠堂建筑成为一间艺术馆。

青云书院原建筑空间单一，不能满足商业活动的多种功能要求，所以在改造设计中首先根据新的用途进行空间规划。两个艺术展示空间为主要空间。青云书院不定期举办文化推广和交流活动，为广东设计师提供相互沟通交流以及发声的平台，让人们更多地了解岭南设计文化背后的故事。这种利用方式在把艺术文化展示给民众的同时起到很好的企业宣传效果。商业空间为茶具和茶叶的专卖区。两个休息区可用作小型临时会议或品茶休憩之地，满足了来宾对休闲茶室的功能需要，除此之外还包括正在改建的杂物房。

青云书院的改造体现了环保节能的理念。由于广州气候湿热，书院内部空间施行保温隔热，对各个功能空间使用了大量的中空玻璃，以减少正午热量传入室内造成不必要的能源消耗。历史上的宗祠建筑因自卫防御的需要，建筑的四周没有设置窗户，而是借用天井以通风，如果对室内空间使用大量照明设备就违背了低碳、环保的初衷，改造设计中充分利用了天井，将具通透性的隔断运用于室内空间，在使其能高效地自然通风的同时，又能让室内接收到充足的阳光，并且起到了营造共享空间的聚合氛围和优化室内小环境景观的作用。在设备上使用变频空调系统，充分利用穿斗式结构将钢筋架于整个空间之上，用来固定现代化设备。室内空间也进行了围隔改造，使其保持正常的温度与湿度，达到减少耗能的目的。

青云书院的保护性利用改造与文化有关，与艺术设计有关，与商业无关。它为这类历史风貌建筑的保护与再利用提供了极大的参考价值。

（二）创新性设计再利用

前面说到对于不同时期、不同类型的历史风貌建筑应“个别类型，个别处理”，但与此同时，再利用方式的选择也应顺应时代的发展来进行进一步的创新。

位于广东省广州市天河区员村四横路的红专厂前身是1956年中苏合资的当时中国最大的罐头厂，厂中大多是苏联风格建筑。红专厂的改造不仅保留了我国的工业文化，也吸引了国内外知名画廊、工作室、媒体、艺术机构、时尚店铺、特色餐厅等创意产业机构的进驻，成为国内外具有影响力的文化创意产业区，这无疑是历史风貌建筑创新性的现代化体现。

红专厂厂区的建筑高度不一，部分建筑在设计改造上采用垂直分隔的手法，通过加层、夹层等手段，提高空间的利用率，形成多样化的空间使用效果。以红专厂正在改造的F18（图2）为例，整个厂房高度为10.1米，分割成两个空间，在空间前后各设有楼梯连接两层，一层高2.2米。空间改造时在建筑外形上同时保留旧有材料与新材料同样是种创新的体现。在窗户的改造上拆除了原有的结构，运用了大量玻璃材质，在满足采光需求的同时也有装饰性作用。建筑内部的墙壁主要运用刨花木板，既环保又具有装饰作用，二层的墙壁用白色水性醇酸漆，使原有的砖墙整洁统一又带有粗犷的艺术感。从可持续发展的角度看，循环利用旧建筑材料不仅保留了一个时代的文化，也符合循环经济的要求。这种新旧材料结合的手法不仅在材质上有了明显的区别对比，也让室内空间有了丰富的视觉变化，体现了不同背景下不同的设计手法、设计元素、设计材料的运用。

图 2　F18 改造后（来源：自摄）

（三）街区历史风貌再现

岭南地区得天独厚的区位优势造就了无与伦比的对外商贸优势，除了传统历史建筑外，中西合璧的独特建筑造型风格承载了近代历史的记忆。广州的骑楼建筑出现于 20 世纪初，多为 2 ~ 4 层，底层前部是骑楼柱廊，后部为店铺，上面两层为住宅。广州典型的骑楼建筑多集中于广州旧城商业中心的中山四路和中山六路，它们并肩联立而建，形成了骑楼街，可以让游人行走其间时避风雨、防日晒；商家利用柱廊空间开敞店铺，招揽顾客。骑楼街很自然地成为中山路商业空间的主要元素。由于商业的开发，骑楼成为“拦路虎”，政府开始在一些原有骑楼街的更新改造过程中拆除旧骑楼，建设新骑楼。

改造前骑楼街街景混乱，特色不明显；街道功能混乱，交通功能与购物商业功能互相干扰，影响商业发展；交通系统不完整，未成体系；建筑形态缺乏统一的规划；文物古迹缺乏适当的保护和良好的环境氛围。

改造计划根据主要原则对骑楼外立面进行整体规划，其中包括对南越国宫署出入口的改造。其出入口大门左右皆临骑楼，在对大门的设计中特别注重大门与周边骑楼的关系与对比。改造后的骑楼群与原貌相比在色调上更加统一。改造注重基本原则的把握，重点突出繁华商业与历史文化的高度结合。中山六路一带的骑楼建筑是广州历史最悠久的骑楼群之一，具有一定的代表性，周边是集中的商业繁华路段，一层的商业空间、廊道和整体外形经过修残补缺、清洗污垢等整饰工作，再现中山六路骑楼往日风采。综上所述，对于历史风貌街区的改造要体现六个原则：①坚持环保生态原则；②坚持修旧如旧原则；③坚持经济实用原则；④坚持可持续发展原则；⑤坚持以人为本原则；⑥坚持可实施性原则。

四、总结

对于历史风貌建筑的改造，应在不破坏原有建筑结构的基础上，对建筑进行保护性再利用，使建筑本身在当今城市中发挥新的作用，并在继承传统的同时，不断丰富和发展传统。例如改造红专厂时，当旧的工业厂房已经不能适应城市的需求，我们选择对建筑体进行修缮却不破坏其原结构，同时改变原有的功能、作用（改造为餐厅、办公空间等）。这样不仅丰富了城市商业文化形式，还赋予了这批老工业建筑新的生命。青云书院亦是如此，为设计师提供一个发声交流的平台，无疑是对原建筑价值的升华。这两处建筑的再利用，都不是一味地追求封锁与保护，而是发掘出创新性、保护性利用手段，以多种商业的良性经营方式，在保护的基础上实现可持续利用，实现精神价值和经济效益的双赢。在保护利用的同时，研究历史传统建筑的构造、工艺及新材料的运用等，并结合现代先进技术，才能更好地继承和发展传统建筑。

城市历史文化风貌是我们中华民族文明传承中不可缺失的载体。因此，我们更应该广泛建立历史风貌建筑保护研究的队伍，通过多种途径积极提供岭南历史风貌建筑的保护，唤醒大学生对历史建筑的保护意识，从而引领更多的社会人士关心关注历史建筑的保护。在保护的基础上，对历史建筑进行再利用，同时通过适度的开发对其进行保护，两者相辅相成，共同促进，从而实现历史风貌建筑的循环的可持续利用。

参考文献

1. 高海鹏. 广州市的骑楼及骑楼街［D］. 西安：西安建筑科技大学，2003.
2. 陆元鼎，马秀之，邓其生. 广东民居［J］. 建筑学报，1981（9）.
3. 罗志超. 广州荔湾区旧工业建筑再利用研究［D］. 广州：华南理工大学，2010.
4. 唐孝祥. 近代岭南建筑美学研究［J］. 新建筑，2003（2）.
5. 王嵩. 浅议中国传统建筑再利用面临的问题［J］. 华中建筑，2008（10）.
6. 谭长亮. 论岭南传统建筑系统的建筑形象要素［J］. 美与时代（上），2012（6）.
7. 吴宗敏. 城市一般性古建筑改造利用的设计探讨——以广州青云书院艺术馆为例［J］. 设计艺术研究，2013（4）.
8. 朱岸林，李捷频. 开放兼容创新的岭南建筑文化——读《近代岭南建筑美学研究》［J］. 华中建筑，2006（8）.
9. 郑静. 广州骑楼街空间分布特征与保护措施［J］. 城市规划，1999（11）.
10. 张婧红. 旧工业建筑室内空间改造设计研究［D］. 昆明：西南林业大学，2013.

浅析古村落再设计的地域性特色保护[①]

——以粤东地区澄海区前美村为例

唐梦玲[②] 陈薇薇

我国新农村建设如火如荼地迅速开展，一幢幢现代化钢筋水泥建筑在中国农村拔地而起。尽管新式的建筑形式和建筑材料被用于农村建筑，带给农村日新月异的新气象，但相比宛如城市复制品的现代化新农村，历史悠久的古村落更具有独特的魅力。古村落地区原本独特的建筑形式、风俗习惯、祖传手艺蕴藏着中国独特的历史文化，因此对古村落再设计的地域性特色保护进行研究有着重要的实际意义。

一、前美村现状与地域特征

（一）前美村现状分析

前美村位于粤东汕头市澄海区西北部，是澄海区隆都镇的一个行政村，创于元朝末年。600 多年来，在悠久的历史进程中，一代又一代前辈先贤留下了连接成片的古建筑群、幽静雅致的居住环境、独特的民俗文化和丰厚的文化底蕴。

面积 80 万平方米的前美村拥有以陈慈黉故居与永宁寨为代表的古建筑群，现存状态良好。除了陈慈黉故居无人居住并作为旅游景点对外开放，大部分建筑目前仍然生活着普通居民，这些房子是祖辈传下来的祖宅。多数古民居保存完好，能够满足人们在其中居住的要求。

前美村因陈慈黉故居而名震天下，陈慈黉故居作为重点保护区域得到了国家与陈氏后代的大力保护，而前美村内普通的古建筑群虽然比其他地区古村落的古建筑现状相对较好，但其保存的完整度远不及陈慈黉故居（图 1）。大部分普通古民居建筑现今尚有人住，民众在一定程度上对年久破损的古建筑进行了修葺和改造。但是不经意就能看出，用现代机器制造的用于墙面装饰的几何图案瓷砖、吉祥文字、传统祥禽瑞兽木雕的水平，远远不及过往传统手艺人的水平，廉价材料造就的装饰，也与残留的装饰格格不入，而少部分粉刷的白墙，则完全破坏了古建筑的韵味。

---

① 本文发表于《设计》2014 年第 12 期。

② 作者简介：唐梦玲，华南农业大学艺术学院 2011 级环境设计专业学生。

图1 前美村陈慈黉故居（来源：自摄）

时间给予古建筑独特韵味，古建筑也在岁月风雨的洗刷中不同程度地破损。除了国家重点保护区域——陈氏祖宅陈慈黉故居保存基本完整，每一户普通人家古民居在一定程度上都有破损的痕迹，甚至少部分古建筑已经岌岌可危。古建筑建造材料多为石料，不可预知的边角料滑落，给居民的日常生活留下了安全隐患。

（二）前美村地域特征

1. 整体格局

宗族观念极强是潮汕地区的明显文化特征，宗族以建立规模宏大的建筑群为荣，祠堂通常建于村中央，以此达到敬宗收族的目的。前美村为以宗族为中心的围寨格局，宗祠是整个村落的精神核心。古民居群以“三间两廊”的形式铺展建立，采用平面网格布局，以一个巷子为中轴，民宅沿其建立在两侧，一个院落套一个院落。

2. 建筑类型

（1）民居。潮汕地区传统民居建筑样式为“下山虎”“四点金”和“驷马拖车”，发扬了中原四合院建筑的特色，容易形成稳定、安静的环境氛围。古人因地制宜建造房屋，为了适应中国南方炎热多雨的气候，创造出“下山虎”的硬山顶式屋顶，后高前低的设计既通风又便于泄水。“四点金”是潮汕独有的村居样式，以多层次、对称、平衡为特点。“四点金”进一步复杂则表现为“驷马拖车”样式，其结构严谨讲究，反映了潮汕地区严格区分尊卑上下、男女内外，注重崇宗睦族的文化传统。

民居整体体现出中西合璧的建筑形态，极其注重装饰。由于移民南迁、侨胞回乡，传统文化与西方思想文化相融合，多样化运用建筑材料，使得装饰样式复杂，兼具中西建筑特性。其中，西洋釉瓷砖贴成的装饰图案在门窗装饰与地面铺砖中比较多见，建筑中经常出现由西方柱式演变过来的柱子和附墙柱，但这些柱子不纯粹引进西方的柱式，其柱基、柱身和柱头雕饰着富有中国特色的传统纹样（图2、图3）。

图2　前美村石雕装饰（来源：自摄）

图3　前美村建筑柱式（来源：自摄）

（2）牌坊。牌坊，亦称牌楼，通常用来纪念对村落发展具有重要意义的人和事，是中华文化的象征之一。作为前美村标志性建筑，前美村牌坊位于村口位置，起村大门作用，同时与其他村落进行空间分隔。现有的牌坊为后世所建，虽没有前人建造的牌坊精巧，但基本沿用古建筑文化的符号与元素，材料为石料，简化过的瓦当让这新建造的建筑不会与古村落格格不入。

（3）祠堂。明代之前只有帝王、诸侯、大夫才能自设宗庙祭祀祖宗，明代之后平民百姓被允许建造祭祖的祠堂，家族旺盛的家族都进行了祠堂的修建。祠堂的主要功能是祭祀祖先，同时也作为私塾学堂或家族聚集议事、进行娱乐庆典的场所。潮汕地区的人们宗族观念极强，对祠堂的建设极为重视，前美村祠堂除了用来祭祀祖先，现今用来作为村中幼儿教育场所。

（4）寺庙。寺庙分为佛寺、道观、庙堂和神龛，供奉佛祖观音、土地龙王居多，也有祭祀行业宗神的寺庙。前美村居民自建的尼姑庵规模比较小，建于村落边缘清静之地，雅致的浅黄建筑色调门柱与精美的雕刻，体现着点点女性的温柔，其色调与雕饰的图案都与普通的古民居不同，形成了淡雅别致的建筑形态。

3．**民俗文化**

（1）竹编灯笼。潮汕地区至今延续着“正月点灯笼”的传统，前美村人民制作灯笼的技术一流，在潮汕一带十分出名。竹编灯笼的手艺在前美村已经有100多年历史，以前每一户人家都会自己编织灯笼。每逢佳节，家家户户都会在自家门口和宗祠前挂上一对灯笼，祈求幸福平安。

（2）拜神游神。农历正月二十一日祭祖春社游神，是前美村独特的民俗文化。届时，家家户户从清晨开始忙活，将家里的八仙桌搬到祠堂排列整齐后，摆好贡品，等待祭拜。每至社日村子便热闹非凡，由家里刚有男婴诞生的成年男性将寺庙里的神金身请出寺庙，沿街进行祈福，游神是社日活动的最高潮，族群的所有子孙都会来到大街上庆祝。

二、古村落再设计的地域性特色保护方法

（一）联合力量进行综合性古村落保护

古村落保护涉及聚落的人文环境、社会习俗、宗教信仰、农业制度、土地分配及商业活动，需要多方力量联合，多元化筹集保护资金，才能将保护方案付诸行动。

政府在保护古村落过程中始终扮演着指导与宏观调控的角色，结合当地实际制订古村落保护与发展方案，调配专业人才到一线指导居民开展保护工作，政府力量是古村落保护的基石。企业、建筑师、建筑爱好者以及其他社会力量是直接推动古村落发展的中流砥柱，能为保护古村落提供资金与人才。居民作为古村落发展的亲历者，对古村落的保护具有第一发言权，能为古村落的保护进行资料补充与提供实质性的建议，是开展古村落保护的主要力量。

政府、社会力量、古村落居民三方力量缺一不可，三方联合是开展保护工作的关键，三者之间必须有沟通、协商、退让，最终联合多方力量才能形成保护古村落的坚实力量。

（二）保持传统，延续性保护古村落文化

古村落地域性特色是不可再生与不可替代的历史文化遗产，代代相传才不至于消失在时代当中。

古建筑作为古村落文化最重要的载体，给后人留下了宜人的居住空间，同时延续了生活方式与文化思想。部分岌岌可危的古建筑可以拆除，其建筑材料或者装饰物件，可用于修葺破损小的古建筑，有价值的装饰物件可以送去相关博物馆进行展示，再次发挥其经济价值。对于尚且保存完好的古建筑群，应在保留古建筑特色的前提下，合理地进行修缮，建筑材料要尽量取材于当地，用传统工艺进行修葺，保持古建筑的风格。要结合现代生活方式的转变，对古建筑群的居室格局进行合理的调整，关注居民的居住条件，让古村落建筑精髓得到传承，同时让居民安居其中。

与保护古建筑不同，保护古村落的民俗文化与传统手艺，要加强古村落后人的保护意识，以及加大宣传力度，号召更多的人关注传统文化，投身到继承与发扬传统文化的队伍当中来。当地政府可以将当地特有的民俗习惯与传统手艺作为一门选修课程编入义务教育中，让子孙后辈了解、熟悉当地文化，从而促进当地居民对自己文化的认同，提升居民继承传统的意识。

（三）协调统一，创新性再设计古村落

古村落依山傍水，先辈们将家园建立在自然环境非常优越的地方，岁月的齿轮碾过之后，古村落自然环境在一定程度上遭到了破坏，尤其是进入 21 世纪之后，人们生活方式的转变对环境影响巨大。应协调自然环境与人文环境，保留古村落的真实性与完整性，在保持古村落整体格局的基础之上，进行现代化创新性再设计。

要注重古村落中古井、名树、石桥、流水的保护，多层次进行绿化设计，协调后人的绿植规划与古村落自身的绿化，让古风永存。地域性特色不是一成不变的，对部分不适合现代生活的街巷格局，应当根据现代人们生活方式的转变，进行适当的调整与规划，使古村落居民能拥有更加舒适的居住环境。

三、结语

古村落是一本记载着我国历史文化的教科书，是我国深厚历史文化的见证者，在历史长河中自然

积累沉淀出古村落的居住环境与人文风貌。古村落中蕴藏的独特历史文化气息、人居文化空间和传统思想，为我国新农村的建设提供了特色基础。在新农村的建设中，对古村落再设计的地域性特色保护，是形成具有个性、生命与独特竞争力新农村的关键点。

参考文献

1. 陈乙文. 古村落的保护与利用问题研究——以高迁古村落为例［J］. 小城镇建设，2008（2）.
2.《中国古镇游》编辑部. 中国古镇游：广东［M］. 西安：陕西师范大学出版社，2004.
3. 王祝根. 胶东传统民居环境保护性设计研究——以文登营村新农村居住环境设计为例［D］. 武汉：华中科技大学，2007.
4. 张灏. 济南老城区传统民居地域性风格及其保护策略研究［D］. 济南：山东工艺美术学院，2013.
5.《走进古村落（粤东卷）》编写组. 走进古村落：粤东卷［M］. 广州：华南理工大学出版社，2011.
6. 汪豪. 新农村建设中地域性特色的保护与重塑［D］. 重庆：重庆师范大学，2012.

新农村建设中古村落的保护与再设计研究[①]

陈薇薇　唐梦玲

一、古村落保护与再设计的价值

随着城市的迅速扩张和农村生活水平的不断提高，古村落及其村落文化遭受前所未有的冲击，其保护和发展成为如今迫切需要解决的问题。古村落是建立在一定社会基础上的传统文化和生活方式的载体，是一个民族存在的历史见证，是人与自然千百年来相互融合的产物。因此，保存村落的记忆，保护历史的延续性，是人类现代文明发展的必然需要，具有相当的价值。

（一）生态美学价值

在岁月长河中生根沉淀的古村落依山傍水的整体布局、错落有致的巷陌山墙、合理讲究的绿化设置，都是古人经过缜密思考规划而成。中国古村落讲究和谐，而和谐本身是美的前提和基础。此外，古村落选址融于自然，整体形态和整体风貌都体现着古村落的自然美，加之经过时间的冲刷，古村落仍然保留着那份宁静与和睦，这些都显示着古村落的生态美学价值。这种人与自然环境和谐共存的发展形式以及空间布局设计文化，为现代城市规划、住宅设计提供了良好参考。

（二）历史文化价值

古村落是先辈们经历无数次迁徙，披荆斩棘，在一个又一个时代开始和结束中自然形成的，每一件历史留名的大事必然会在历史发生地留下痕迹。每一个古村落都有其独有的地方特色、民风民俗、建筑风格等，它们各自以不同的形式记录了不同时期、不同地域、不同社会形态发展和历史演变的过程。可见，古村落最大的特性就是其丰富性和独特性，它是当地民族文化和地域文化的写照，是中国传统文化的重要组成部分，具有很高的历史文化价值，可谓民间的中国历史文化博物馆。

（三）旅游开发价值

古村落保留着人们过去的生活记忆，经过千百年的积累，依赖一定的历史环境、自然环境、人文环境而形成，其诞生和发展本身就是一种文化的发展。古村落独有风味的村落景致、独具魅力的民风习俗、独具一格的建筑风格，都是不可多得的旅游资源，对古村落进行旅游开发，能带动当地的经济发展，创造良好的经济效益，继而推动社会的经济和文化进一步繁荣与发展。

二、我国新农村建设过程中古村落发展的现状

近年来，伴随着新农村建设在全国各地迅速推进，广大农村发生了巨大的变化，给承载千年历史

---

① 本文发表于《艺术与设计》2014 年第 5 期。

文化的古村落提供了机遇，同时也带来了挑战，古村落在其发展中也面临着不同的困难。

首先，我国新农村建设中，古村落在大力发展经济的时代主题之下，同时也承受着被拆、被改、被平庸化的巨大压力，象征着现代文明的高楼大厦强占着古村落的土地。同时，居住模式的变化使得原有的建筑体系和落后的基础设施无法满足村民日益增长的生活要求，因此村民更愿意选择推倒斑驳的墙壁，进行拆旧建新，从而破坏了古村落原有风貌，使古村落变得不伦不类。

其次，古村落居民不能正确对待历史留下的文化，从而加大了新农村建设过程中古村落的保护与发展难度。比如，若古村落居民长期持有崇媚西方而遗忘独特民风习俗的思想，对传统文化不予理睬，一味崇尚“洋房”而使其取代传统民居，那么在发展中就将形成不中不洋、不新不古的怪异景象，从而严重阻碍古村落的保护和发展。

最后，虽然我国对保护古村落已有足够的重视，但是限于保护资金缺乏，无法支撑对大面积古村落进行专业、统一的保护与发展。在没有全面精准的古村落面积数据和价值评估的情况下，盲目地大面积圈出保护减少了对一般性古村落的研究和保护，一些具有保护价值的古村落被遗忘，处在被破坏的危机下。对于保存完好的一般性古村落，所采取的发展模式大多是单一的旅游开发方式，大量游客游玩的过程中必然对古村落地区造成一些破坏。缺乏因地制宜的开发策略，大而统的开发模式让古村落在发展过程中遭到破坏。

三、新农村建设过程中古村落保护与再设计的困难

我国新农村建设中古村落的保护与再设计，现今面临着比较大的困难，要尽快制定可行的策略。

（一）保护与再设计中经济的困难

我国古村落量大面广，所需的巨额保护与再设计费用，让古村落的发展面临着巨大困难。没有资金保障，现有的涉及古村落的保护和再设计方面的研究，大多只能停留在理论之上，很难实际执行，实践性不强，对我国古村落的保护与发展没有起到实质上的作用。

（二）保护与再设计中产权的矛盾

古村落多为古居居民私有，是村民私有财产，从法律上来说古村落居民有权利对其进行改造，不能一味要求村民为了保护文化而放弃生活的改变。居民本身的保护意识不强，设计能力欠缺，加上现代生活方式和审美标准的变迁与居民对新式楼房的向往的影响，使古村落被任意改造与自毁。国家统一规划管理难度大，加之古村落自身难以承担的维修费用，使得古村落的保护与再设计面临困难。

（三）保护与再设计中价值观的对立

在古村落的保护与再设计的过程中，文化价值观与经济价值观的矛盾是必将面临的。文化价值观强调对古村落中具有文化价值和历史意义的村落遗产进行保护，而经济价值观则是强调这些村落遗产的资源价值和经济利润的最大化追求。为了经济效益而进行的旅游发展所带来的破坏与贫穷带来的破落构成了巨大矛盾，因此如何处理好不同的价值观成为古村落保护与再设计中的困难之一。

四、我国新农村建设过程中古村落保护与再设计的策略

（一）有针对性地开展保护

1. 抢救性保护——针对濒临消失的古村落

在我国追求快速发展经济的过程中，新农村建设如火如荼地开展，但是盲目借鉴城市建设经验大拆大建，没有把握农村建设的特殊性，建设过程中对我国古村落造成了严重的破坏，使部分古村落已经濒临消失。针对面临消失危机的古村落，可以采取重点保护措施特殊对待，集中资金建设展览馆、博物馆，并为了维持展览馆、博物馆的正常运行，采取低收费的形式对外开放。同时在不对古村落造成破坏的前提下，运用现代科技技术，拍摄关于古村落建筑、祭祖、婚嫁特殊礼仪的视频和照片，制作古村落的官方网站，将拍摄的视频和照片放在官方网站，起到宣传和保护古村落历史建筑和传统文化的作用，通过大力宣传，提高社会对古村落的关注度。针对濒临消失的古村落，可以适当减少现场参观而采用视频体验，以减少破坏古村落的可能性。

2. 开发性保护——针对现状较好的古村落

针对现状较好的古村落，主要采取开发旅游业的措施，严格控制旅游业的开发强度，规避旅游业可能带来的消极影响，起到带动当地经济和推广传统文化的作用。同时可以吸引一些文化产业入驻古村落，如由著名演员李亚鹏发起的 COART 艺术节在云南束河古镇的成功举办为古村落的发展提供了一个很好的参照。文化产业的入驻，第一，可以活跃当地的文化氛围，从思想上点燃当地人们对保护古村落的热情；第二，可以将一些现代的文化带到古村落，使古村落文明与现代文明进一步接轨，这是传统文化与现代文化融合的机会；第三，文化产业的开闸过程中，可以带动古村落经济发展，如艺术家租用古村落的祠堂作为展览馆或工作室，能直接给古村落带来经济利益。

（二）有计划性地进行发展

1. 全面普查，深入了解古村落现状

在我国辽阔的疆域上出现了众多的古村落，由于经济条件的限制，目前我国还没有精准的古村落面积数据和价值评估。经过长年累月风雨侵蚀和村民的拆毁，有些古村落尚保存完整，而有些已经失去保护的价值，把所有的古村落都圈出进行保护的方法欠妥。开展古村落全面普查工作为当务之急，应深入了解古村落现状，掌握其分布情况，因地制宜制定发展策略，对具有保护价值的古村落依法登记、建档，纳入保护范畴。

2. 统筹区域，建立示范点

摸索新农村建设古村落保护和再设计道路的过程中，在保护资金欠缺的现状下，可以在全国有代表性的古村落地区建立示范点，集中精力和资金探索新农村建设和古村落保护与再设计的结合点，在示范点的实践中将古村落遗存下来的建筑、街道、院墙、驳岸等反映历史面貌的真实事物融合到新农村建设中。示范点的建立将节省探索古村落发展方式的费用，为我国新农村建设提供有力参考。

（三）创新性地再设计

1. 历史建筑的修缮

合理修缮旧建筑，保留村落的古香古色。我国古村落建筑以木结构为主，及时的修补是保证古建筑保持原貌以及提供正常使用的居住空间的条件。修缮应采取以预防为主的方式，在不影响建筑结构

体系的条件下，对斗拱、门窗、柱基及时调换修补，结合现代的生活方式，在不改变历史建筑风格的基础上，对历史建筑内部空间进行合理的改造，使传统建筑适应当今时代的需求，增加新的使用功能。

此外，对历史建筑进行修缮和加固的同时，要进一步确定新农村建设中农村居民的住宅形式，保持本土的建筑符号，设计出宜居、与古村落风格不相冲突的新民居。新老和谐共生，更能彰显出古村落文化的精髓。

2. 整体环境的改造

首先，古村落严谨的街巷格局是先辈在综合考虑了风水、防火、防盗等因素之下修建的，对现在的城市规划仍然有借鉴作用。在改造过程中，可以对古村落的布局构造保持总体不变，只是根据现代生活方式的需求进行交通疏通，局部进行和古村落风格一致的装点，对街道进行绿化，强调主题绿化和古村落自身的绿化基调，突出历史环境氛围，与大自然融合。对部分不适合现代生活的街巷格局进行调整规划，使古村落及时跟上时代的脚步。

其次，注重河网水系的改造和治理。河网水系是古村落的根，古村落居民的生活和生计多依附于河网水系。在新农村建设中保护与发展古村落，需要利用现代技术对原本可能停滞的水系进行疏通，充分治理古村落河道的污染，这是保持古村落优美的环境的必要手段，同时也是保证古村落发展的基本条件。

最后，要对古树名井给予大力的保护。古树名木、古井名泉既是古村落的旅游资源，又是古村落的生命线，在改造设计的过程中要加强对古树名木的保护，禁止开山取石、乱砍乱伐，对珍贵树种、古井名泉要定出范围，挂牌进行保护。这一部分的再设计中，唯一的方式是保护，在保护的基础之上将村落的独特之美展示出来。

3. 历史文化的延续

古村落地区大多经济发展落后，打工潮导致古村落出现大量“空心村”的现象，传统习俗落寞，传统技艺的后传无人，独特的风俗习惯逐渐退出历史的舞台。因此，我们必须意识到保护历史文化是新农村建设中古村落保护与再设计研究至关重要的部分，继承和发扬传统习俗，将有古村落特色的节日传统和民间技艺代代相传。建造一个良好的文化展馆将很好地保留人们关于过去生活的记忆，从而展现历史人文魅力，更增添古村落的人文气息。

五、结语

中国首个获得普利兹克建筑奖的建筑师王澍在电视节目采访中曾说过，未来他将会进一步投入到乡村建设中去，因为那里才是人们生活最开始的地方。古村落是先辈们用卓越的想象力、创造力铸造的民间文化生态博物馆，其中蕴藏的独特历史文化气息、人居文化空间和传统思想，为我国新农村的建设提供了特色基础。未来新农村建设过程中应坚持因地制宜的原则，协调好古村落文化遗产的开发保护、生态环境建设和经济效益的关系，合理妥善地解决新农村建设和历史村落保护的关系问题，最终实现古村落在新农村建设大潮中的可持续发展和再设计。

参考文献

1. 王中锋，金荣科. 刍议新农村建设中的古村落保护［J］. 现代农业科学，2009（6）.

2. 唐兰. 社会主义新农村规划与古村落保护——以仙桃市郑场镇渔泛村社会主义新农村规划为例［J］. 科技资讯，2006（3）.

3. 白四座. 新农村建设与古村落保护［J］. 中国旅游报，2007（7）.

4. 汪如钢，丁蔓琪. 浙江省新农村建设中古村落的保护与发展研究［J］. 新西部（下半月），2009（12）.

5.《走进古村落（粤东卷）》编写组. 走进古村落：粤东卷［M］. 广州：华南理工大学出版社，2011.

第四部分

教师作品

MINGLER 西餐厅

陈薇薇

大厅雅座区

设计说明

本方案设计对象是地处湖南的一家中高档西餐厅，其消费人群属中高档消费的白领阶层。整体设计充分展示西式餐厅特有的文化内涵和经营特色，设计元素来源于浪漫之都法国巴黎的古堡，讲究每一个设计细节。设计主要以木质材料和烧结砖等材料打造一个宁静、浪漫的环境，通过艺术的表现手法赋予每个就餐空间不同的视觉感受，让客人在就餐时充分感受到美味所带来的生活享受。

面积：约 1 600 平方米

主要材料：水曲柳、烧结砖、仿古砖、涂料

吧台区

小包间

贵宾室一

贵宾室二

大亚湾区黄金海岸公共泳场及海滨栈道工程设计

胡朝晖

项目情况： 2016 年 8 月中标，正在实施中

设计策略

1. 展现生态自然的空间格局

（1）彰显山、海、岛、滩、礁的丰富空间格局。

（2）营造层次丰富的多样化水岸空间。

（3）对生态敏感性高的区域采用生态保育及低强度的开发模式。

2. 营造公共活力的开放空间

（1）塑造空间上和体验上连续的滨海慢性路径，保障海岸线的高度公共性。

（2）丰富海岸的游赏体验，增强空间的参与性和互动性。

（3）创造多样化的活动空间。

3. 创造高可达性的滨海空间

（1）强化友好的滨水到达体验。

（2）提供多元、便捷的交通可达方式。

（3）串联城市绿道，保障滨水慢行环境，实现与城市交通的便捷转换。

4. 打造形象鲜明的旅游名片

（1）挖掘本土渔文化资源，特显海岸主题特色。

（2）建立场地地标，强化黄金海岸标识形象。

（3）创建国家 4A 级旅游景区，提升市场影响力。

总体鸟瞰图
/OVERALL PERSPECTIVE/

总体鸟瞰图
/OVERALL PERSPECTIVE/

/透视图/

大亚湾区黄金海岸公共泳场及海滨栈道工程设计
ENGINEERING DESIGN OF THE PUBLIC SWIMMING POOL AND SEASIDE CLIFF BOARDWALK IN DAYA BAY GOLD COAST, HUIZHOU, CHINA | PAGE 44

/竖向设计/

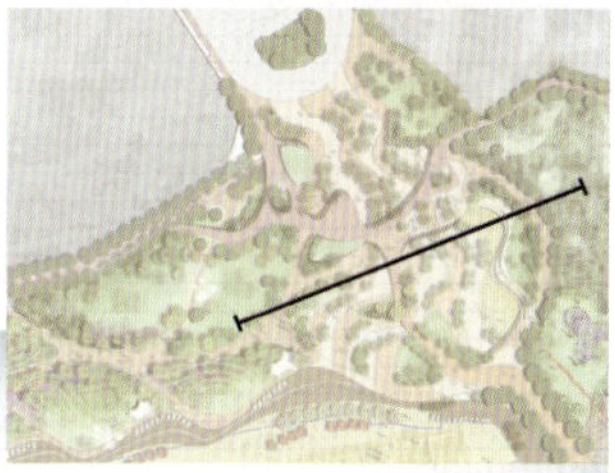

空中绿道接海滨绿道	游客服务中心	空中绿道	旋转楼梯	沙乐池	坡道
空中绿道以缓坡的形式顺接景区海滨绿道	利用空间绿道下方空间设置半覆土建筑，同时利用建筑作为空中绿道的结构支撑。建筑为 2 层，一F 从上层广场直接进入，-1F 从下沉广场平进	利用空中绿道下方空间设置半覆土建筑，同时利用建筑作为空中绿道的结构支撑。建筑为 2 层，一F 从上层广场直接进入，-1F 从下沉广场平进	通过旋转楼梯解决竖向交通，连接阳光车库、广场及空中绿道	下沉广场中的游乐设施，利用高差设置滑梯等器械，并通过一侧的绿植提供树荫。提供宜玩、宜留、宜乐的儿童乐土	下沉广场通过环形的坡道顺接沙滩及礁石栈道

大亚湾区黄金海岸公共泳场及海滨栈道工程设计
ENGINEERING DESIGN OF THE PUBLIC SWIMMING POOL AND SEASIDE CLIFF BOARDWALK IN DAYA BAY GOLD COAST, HUIZHOU, CHINA | PAGE 58

标识性 - 构筑物
/BUILDING & STRUCTURE/

大亚湾区黄金海岸公共泳场及海滨栈道工程设计
ENGINEERING DESIGN OF THE PUBLIC SWIMMING POOL AND SEASIDE CLIFF BOARDWALK IN DAYA BAY GOLD COAST, HUIZHOU, CHINA | PAGE 85

标识性 - 构筑物
/BUILDING & STRUCTURE/

B 点方案
沙滩拍照的最佳背景
礁石滩的目标地
眺望台

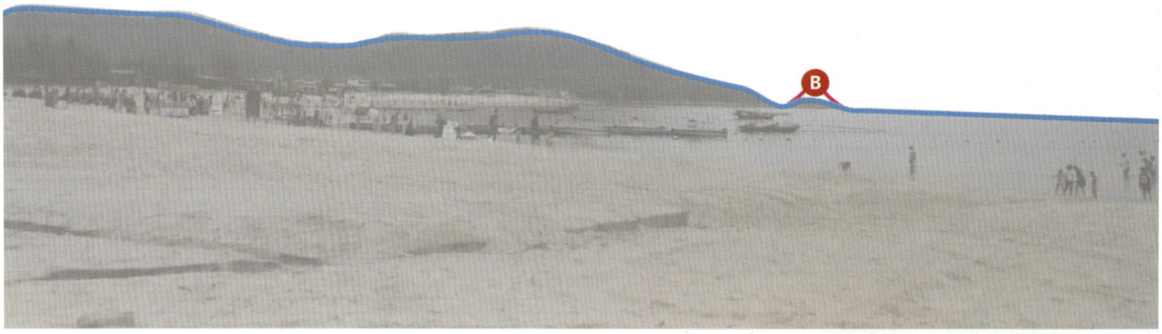

大亚湾区黄金海岸公共泳场及海滨栈道工程设计
ENGINEERING DESIGN OF THE PUBLIC SWIMMING POOL AND SEASIDE CLIFF BOARDWALK IN DAYA BAY GOLD COAST, HUIZHOU, CHINA | PAGE 86

广州医科大学第二附属医院

胡朝晖

委托方： 广州医科大学第二附属医院
项目地点： 广州市海珠区
新门诊楼建筑面积： 约4.5万平方米
获奖情况： 2014年度广州市优秀工程勘察设计二等奖、2015年度广东省优秀工程勘察设计三等奖

本案位于广州市海珠区昌岗路和江南大道交汇口东南角的广州医科大学附属第二医院老院区内，为典型的老医院改造项目（旧门诊楼拆除新建）。该项目复杂程度较高，首先体现在交通研究及交通流线组织方面。本项目处于宽度均为60米的城市主干道昌岗路和江南大道的交汇处，城市交通容量巨大，加之医疗建筑本身具有的人流、车流集中效应，日门诊量已达到8 000人次，高峰期达到1万人次，这给项目的交通研究和解决策略提出了很高要求。其次体现在老医院本身由于时代的原因存在院区内交通组织问题方面。再次体现在建筑空间的垂直发展与医疗流线的组织方面。受用地范围局促和医疗用房面积最低限度的双重约束的影响，建筑空间在向垂直方向发展的同时必须处理好人流、医疗流线的关系。最后体现在建筑空间的适应性组织方面。本项目设计过程中医院自身也在进行更新和调整，门诊功能始终处于变化状态，而且这种变化可能会一直延续下去。

设计在满足必须的医疗条件、流线、空间、环境要求的基础上，重点注意以下方面：

（1）充分遵循城市设计原则，尊重周边环境和已有建筑。建筑形态构成充分考虑与交叉路口的城市景观的关系，保持建筑与已有建筑的协调统一。

（2）注重建筑细节的“以人为本”设计原则。空间设施的设计以患者的需求为标准，以对医患人员的关怀为核心，确保空间环境舒适、安全。

（3）注重医疗空间结构的功能明晰性和流线逻辑性。内部医疗流线组织基于功能需求展开，科学地解决好人流、物流的组织，各功能区之间保证全天候、无障碍通行。

（4）注重第五立面的设计。在有限的空间里将屋顶绿化与医疗功能要求统一起来，加强了建筑环境美化与隔热效果。

（5）注重适应性原则。功能区内的建筑空间采用模块化建筑设计方法，满足医院专业功能的灵活性和互换性。

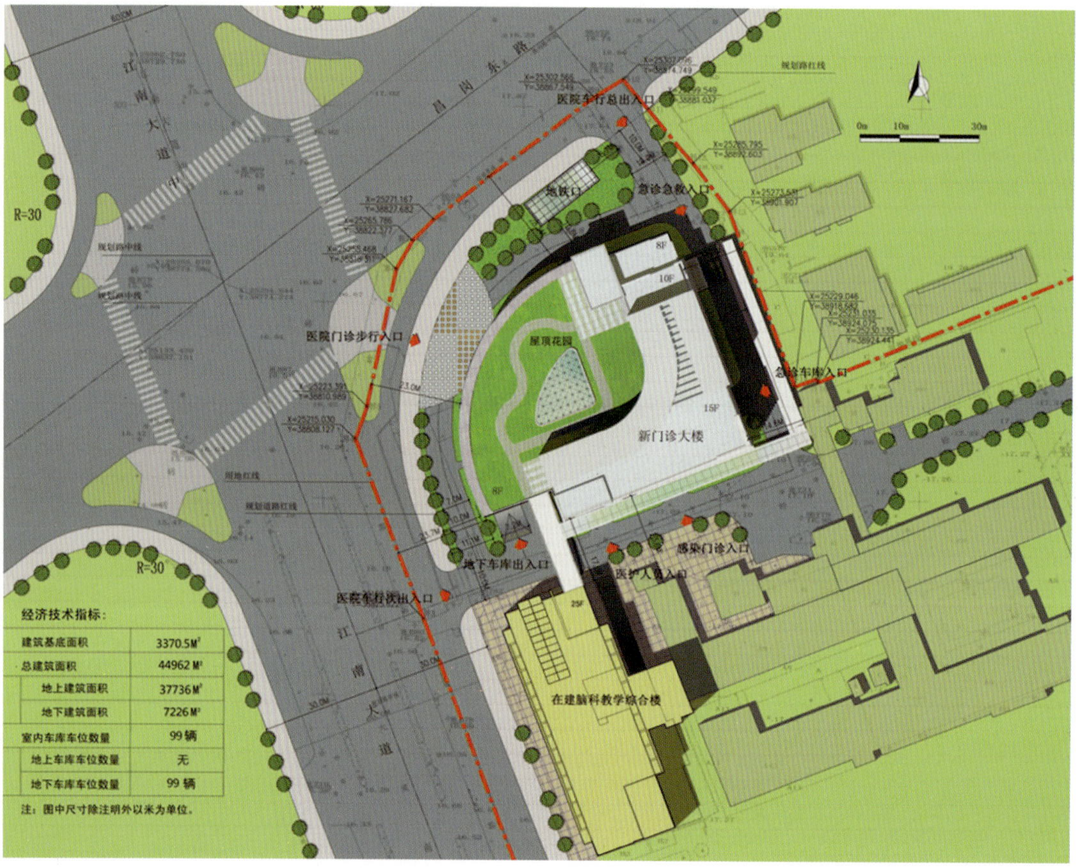
江南大道中
昌岗东路
R=30
R=30
规划路中线
规划路红线
规划道路红线
医院车行总出入口
急诊急救入口
地铁口
医院门诊步行入口
屋顶花园
8F
10F
15F
新门诊大楼
急诊车库入口
感染门诊入口
医护人员入口
地下车库出入口
医院车行次出入口
25F
在建脑科教学综合楼
江南大道
0m 10m 30m
经济技术指标：
建筑基底面积 3370.5M²
总建筑面积 44962 M²
地上建筑面积 37736 M²
地下建筑面积 7226 M²
室内车库车位数量 99 辆
地上车库车位数量 无
地下车库车位数量 99 辆
注：图中尺寸除注明外以米为单位。

门诊部

门诊部
OUT-PATIENT

门诊部
OUT-PATIENT

广州记忆心动西餐厅

翁威奇

获奖情况：2014 年第十届中国国际室内设计双年展银奖

本案位于广州塔东侧四季天地广场内，建筑面积 800 平方米。设计师针对该项目的地域性、人文性、商业性和发展性，对该项目的设计作出设计构想。该餐饮空间以广州城市记忆和人文情怀为切入点，通过现代构成手段创造高创意、高文化氛围的全新体验餐饮空间，凸显了空间趣味、城市文化与消费体验性，体现了广州的城市记忆风情与人文风情，讲述与广州城市场景记忆相关的五个故事：①珠江水的故事——孕育城市文化的起源与载体；②木棉花的故事——城市印象的识别与象征；③大榕树的故事——城市生活的情怀与态度；④骑楼的故事——千年商埠的美丽倩影与足迹；⑤广州塔的故事——广州城市的未来与憧憬。设计师极力打造让人流连忘返的具有独特魅力的主题餐厅。

西餐厅

明日清华湾营销中心

翁威奇

项目地点：广东省清远市
设计思想：水木清华　上善如流
获奖情况：2014 年广东室内设计国际大赛商业空间优秀奖

明日清华湾位于风光旖旎的广东北江江畔，尽揽北江清城，拥有得天独厚的地理优势及自然人文景观，属清远市稀有的江畔名宅。该项目营销中心建筑面积 1 500 平方米，设计时借用了晋代谢混《游西池》诗“景昃鸣禽集，水木湛清华”一句作为该项目的核心思想，把水文化贯穿整体空间，体现自然、生态、绿色的前瞻性的人居理念。上善如流、诗意而居是人们追求的人居、物质与精神情况，人与自然、建筑、社会的完美结合是该空间的特色及亮点。

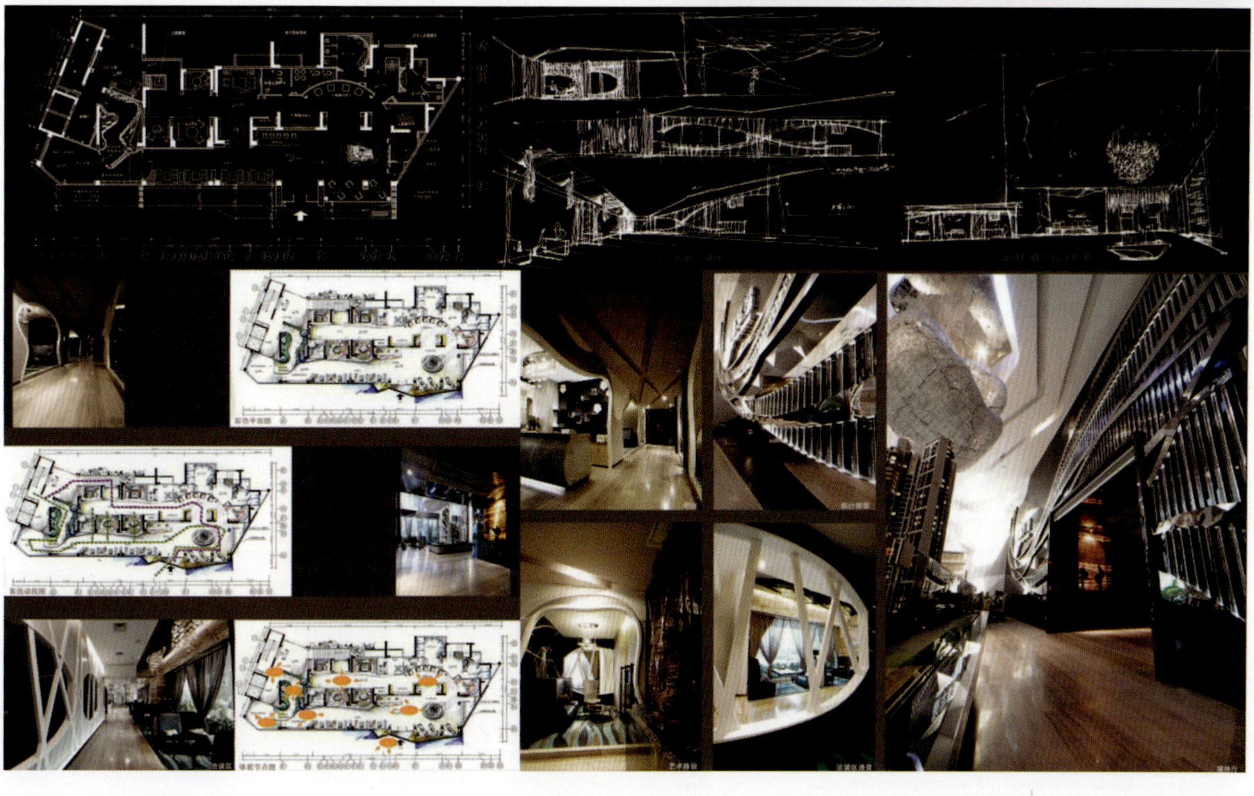

新会区陈皮村交易中心

吴宗建

项目地点：广东省江门市新会区
建成时间：2013 年 10 月（招商中心）
设计主题：融、和
项目工作内容：规划、景观、结构、室内设计以及工程施工

项目背景

项目所在地为江门市新会区，占地面积 10.3 万平方米，原建筑是一个废旧厂房。新会当地盛产陈皮，虽然陈皮文化非常普遍，但陈皮交易是民间的、分散的，陈皮文化也常被忽略。因此，新会陈皮虽名声在外，却没有在当地突出其应有的价值。新会需要一个能将陈皮文化集中、突出展示，同时还能带动经济发展的特色农产品平台。

设计理念

新会陈皮村是集陈皮文化展示、陈皮交易和仓储、旅游、住宿以及餐饮等功能为一体的大型商业项目，也是中国首个大型特色农产品商业综合体。

该项目由超过130万根竹子做成，竹材应用在建筑室内外，将建筑结构、空间、装饰三者合而为一：竹子既组成了陈皮村的建筑结构，又是建筑的围合，同时也是建筑的装饰。

建筑巧妙地融入各种当地文化元素。大辫子状的竹柱、飞翘的檐角、巧妙地构成葵扇形状的穹顶、尖顶的形态让建筑充满中国乡土的特色韵味。

在空间结构上，陈皮村最大化地使用自然通风与采光，建筑周边设有生态溪流进行雨水收集。

设计意义

陈皮村的用材选择竹子，并不是为了哗众取宠或者挑战不可能，而是源于可持续发展设计的思考：

（1）竹材是顶级环保材料，减少了建筑带来的环境污染；

（2）竹材源自当地，节省了运输的时间与成本；

（3）竹材可一次成型，以免在建筑过程中重复修改浪费时间；

（4）在建造时聘请当地的竹匠，增加了当地竹匠的就业机会，带动了当地的经济发展；

（5）当建筑达到它的使用寿命以后，拆除的竹子可自行降解，而新的建筑又将再次拉动经济发展；

（6）陈皮村的建筑特色成为当地的一种独特的、标志性的文化展示，拉动了当地的旅游经济发展。

如此，陈皮村将环境、经济、文化的可持续发展合而为一，真正实现“融”“和”的设计主题。

2013.04.20新会陈皮村周边环境（梁启超故居）
2013.06.11吴宗建带领山田组设计师与甲方到现场考察
2013.06.11吴宗建与甲方人员沟通水景区方案
2013.04.20厂房外观
2013.04.20厂房室内空间
2013.04.20厂房室内空间
2013.07.06招商中心建筑入口现场照
2013.07.29招商中心建筑主入口现场照
2013.08.03招商中心建筑入口现场照
2013.09.14骑楼外观框架已见初形
2013.09.04中庭广场框架已见初形
2013.08.03一号馆大堂穹窿顶已见初形
2013.09.14一号馆品茶室外观
2013.09.14一号馆水吧洽谈区
2013.09.14一号馆展示厅1
2013.09.14一号馆展示厅2
2013.09.14一号馆洽谈区
2013.09.14一号馆员工办公室
2013.09.20一号馆展示厅1
2013.09.14一号馆茶室外观
2013.09.20一号馆洽谈区
2013.09.20一号馆会议室
2013.09.20一号馆大堂接待区背景
2013.09.20一号馆办公室洗手间

河源钢铁厂改造

吴宗建

项目地点：广东省河源市
时间：2012 年

项目位于广东省河源市，占地面积约为 7.6 万平方米，建筑面积为 1.4 万平方米，前身为已停用的河源市鑫鸿铸造厂区，现场遗留大量混凝土框架结构和钢结构建筑。原来作为钢铁厂的建筑在使用过程中不断对环境产生污染、破坏，废弃之后建筑厂区在当地成为灰色土地。项目的改造主要以环境重生和可持续发展为中心，配合项目主要方向——发展教育事业。河源钢铁厂改造是融“山、水、城、田”为一体的教育基地项目。

项目以发展教育事业为核心目标，打造有机联系的生态架构，实现人与自然的和谐统一，打造城市名片。项目设计重视优化河源地区教育资源、弘扬河源文化的教育发展策略、合理规划教育基地和教育配套设施等，采用在空间规划上重复结合历史文化与教育基地的规划思路，从空间布局、形态设计、交通组织、旅游规划、文化保护与利用等方面整体规划基地，充分体现其社会责任感。

总体效果图

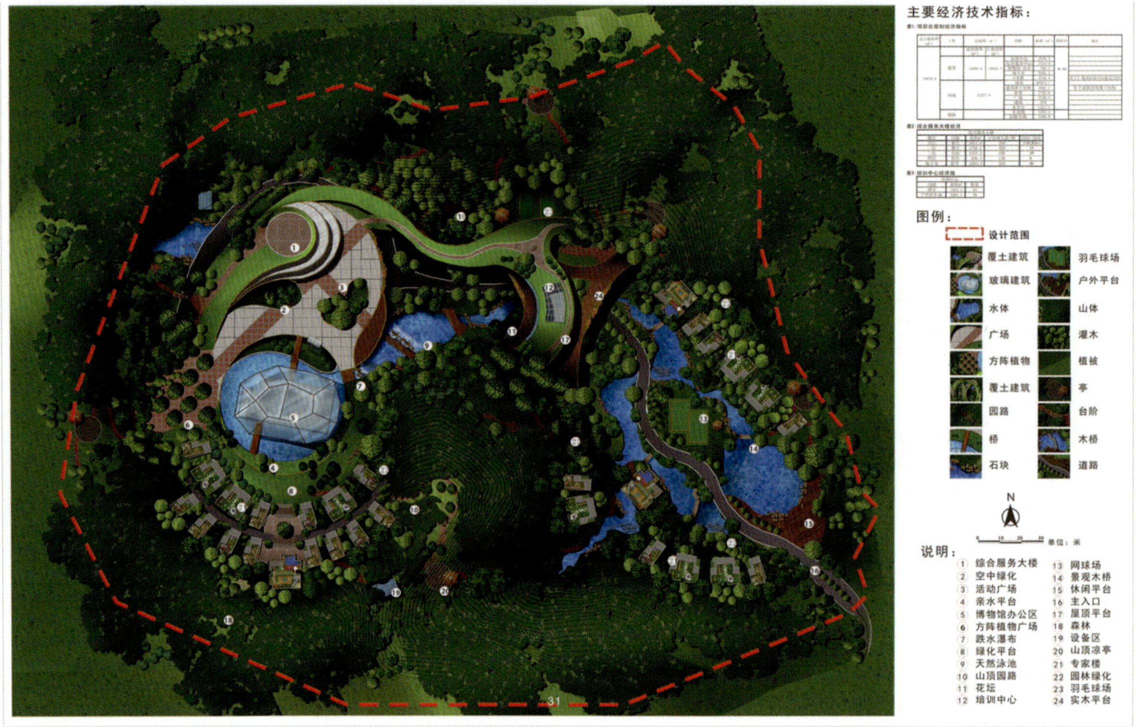

首层平面图

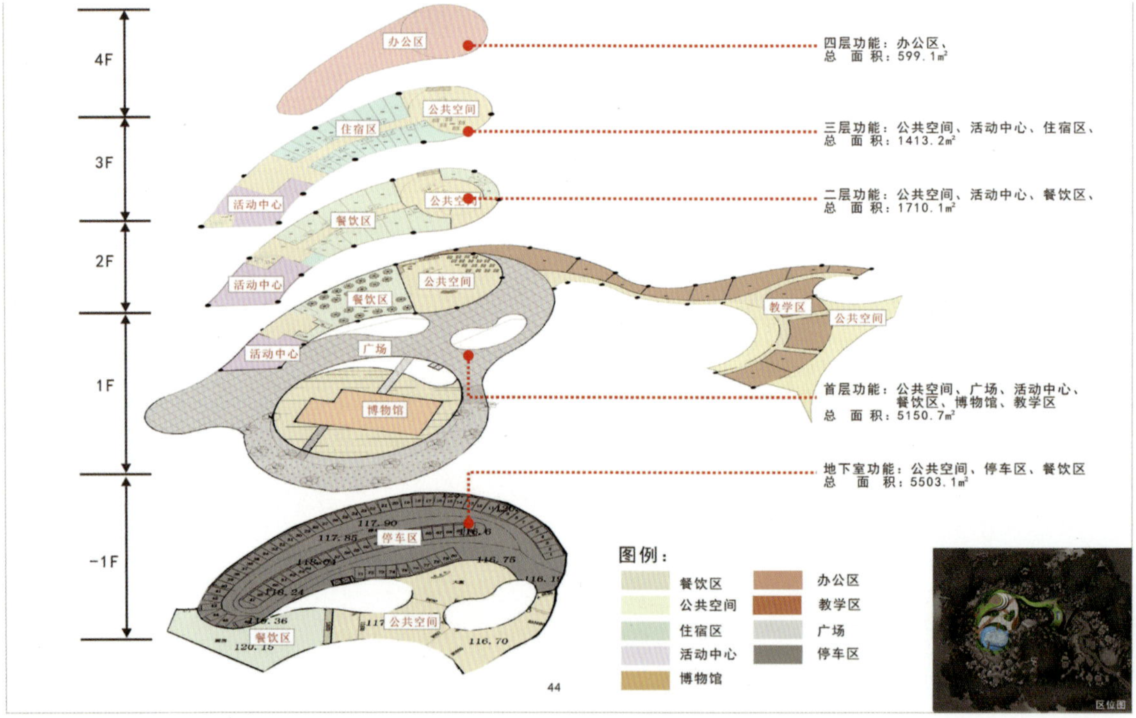

综合服务区分区图

入口效果图

办公服务区效果图

综合服务区效果图

第五部分

学生作品

林锦娆作品

华南农业大学艺术学院 2015届环境艺术设计系毕业作品展示
DARK MOOM HOUSE
暗月屋
品牌Irregular Choice
體驗&研究中心——空間方案設計
DARK MOON HOUSE
項目分析 PROJECT ANALYSIS
項目設計説明：
英国鞋牌Irregular Choice计划再进一步打开中国地区市场，准备以台湾为新的开发市场，计划定位于此建立一个新试点，建立一处销售、展示、研究工作、体验活动于一体、造型精美、风格独特、功能完善的多功能Irregular Choice体验及研究中心。力求项目建成后能将品牌设计的理念精神与生活态度传播与深入人们心中，引发人们对品牌的喜爱，提高品牌知名度，同时丰富人们的文化生活，增强城市文化活力。以加强突出品牌本身理念建立独特的品牌形象为重点，结合突破传统的品牌精神与时尚、大胆、迷幻风格与发展目标，针对本项目的地位，我提出了“夜幕出现月亮的森林将会展示不为人知的奇幻一面”的设计概念，既是暗月屋的命名由来，室内体验空间将以“魔幻森林”为主题。
Irregular Choice品牌資料：
英国鞋牌Irregular Choice由年轻设计师Danny Sullivan在1999年创建的,属于二线品牌,却是英国潮人最爱概念鞋品牌。产品销售主要面对18–35岁女性，其它产品包括衣服、包、饰品等日用家纺，以童话般可爱的图案以及精灵古怪的华丽设计著称。品牌特色为款型天马行空，色彩丰富。品牌概念为突破传统，是Irregular choice的品牌精神。就像这个品牌所说的：每个女孩心中都有双水晶鞋，每当你踏上它的时候就能想象到它将带你步入一个怎样完美的旅程……
銷售區店面左側效果圖
基地及項目概況調研分析：
中国
台湾
台北
華山1914文化創意產業園區-西5館(E棟)
華山1914文化創意產業園區—西5館：
設計分析 DESIGN ANALYSIS
設計理念分析：
品牌风格 品牌精神
风格延伸联想
梦幻、魔幻元素
元素延伸联想
神秘的暗月森林
理念延伸联想
魔幻森林主题
設計説明：
根据Irraglar Choice的天马行空、色彩大胆的品牌风格与以突破精神为品牌概念，以树立品牌独立形象为目标进行针对性的方案设计，为加强本身形成独有的浓烈梦幻色彩的风格世界，吸取《哈尔的移动城堡》、《爱丽丝梦游仙境》、《月亮坪的秘密》等魔幻影片中的场景元素，并且经过思索探究将空间的整体设计风格根据使用需求分成三种类别，分别为华丽的法式中国风风格、英式田园风格、奇异的魔幻森林风格进行设计。
建築改造分析：
保留建筑原有红砖风格与L型结构,为满足功能使用的需求将小空间部分的建筑扩大改建成三层的八边形建筑，房顶为镂空玻璃窗增强采光与情趣，大空间建筑则改造成有夹层的空间，来增大使用空间。
建築立面圖：
建築設計草圖
建築效果圖
室內空間規劃設計分析：
總空間
銷售區
收銀售票區、倉庫、鞋子銷售區、衣物銷售區、飾品區、特價區、新品展示區
體驗區
按魔幻森林主题分：歷史產品展示區–奇幻玫瑰坡、新品展示區–月亮綠島、品牌歷史展示區–藤蔓綠洞、冷色系產品展示互動區–星月池、特色產品展示區–迷惑樹林、彩色系產品展示區–孔雀樹林、黑白色系產品展示區–方格月牆、鞋子設計體驗區–DIY定制室、鞋子制作展示室–工序展示室
工作區
鞋子制作間、辦公區：設計部、研究部、經理室、會議區、會客區
生活區
公共活動區（廚房、男女浴室、衛生間、餐廳、起居室、休閒閱讀區、洗衣區）、男女住宿區、經理住宿區

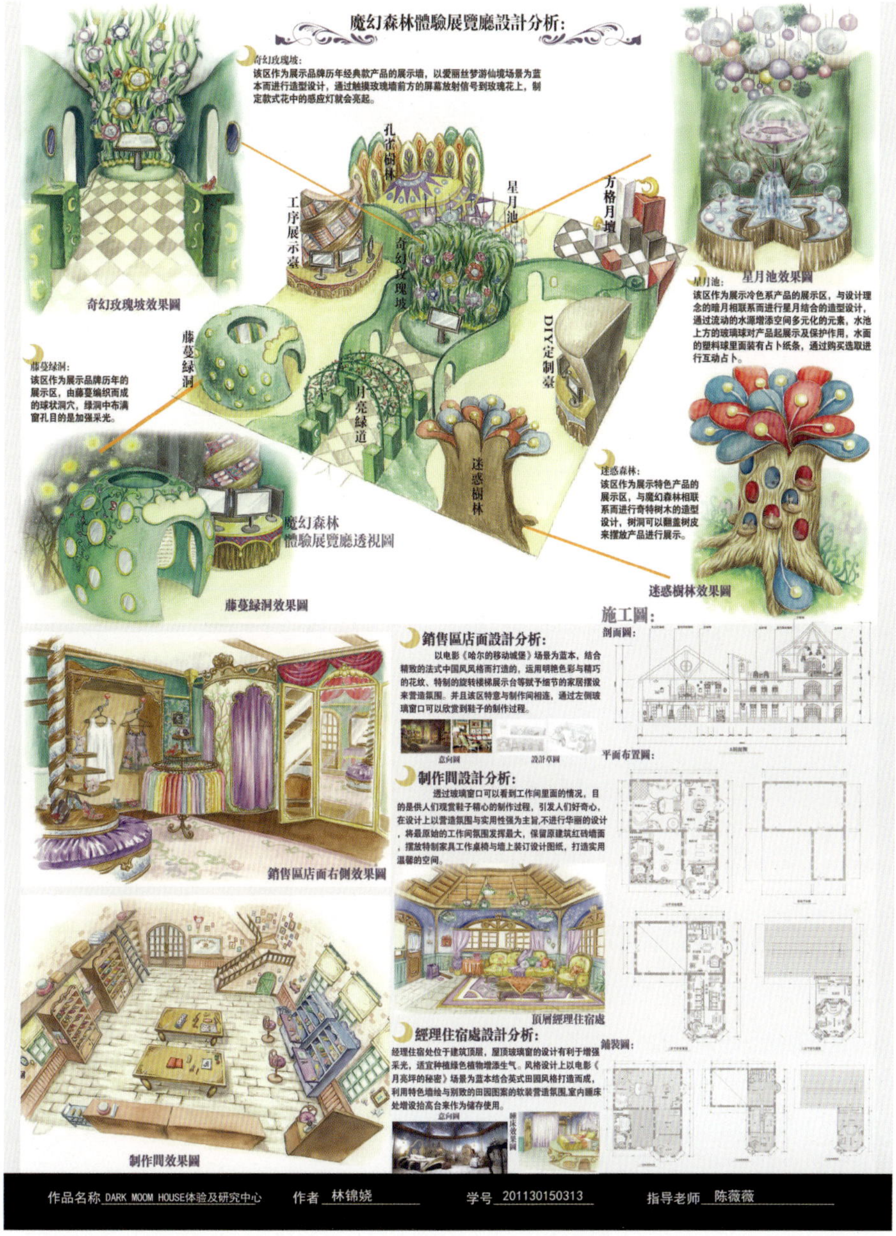

陈薇薇点评

该学生的毕业设计，从构思开始就充满了童话色彩，表达了小女生一样对童话世界的憧憬。整个毕业设计的过程是愉快的，每一次指导学生设计都有新的想法，提出一些问题，大家一起讨论并修改，最终完成作品。品牌体验屋的空间布局设计很合理，充分考虑到专卖店的使用功能。设计融入了三个魔幻电影的主题，且将这三个主题很巧妙地体现在空间设计上。设计表达以手绘的形式出现，一张张效果图从线稿到最后的色彩稿，花了大量的时间和精力，作品经过半年的时间才展现在大家眼前。在展览中也展示了厚厚的效果图草稿和最终完成稿，让整个设计更加丰富。

唐雨佳作品

华南农业大学艺术学院 2015届环境艺术设计系毕业作品展示
BEPOTATO 比逗
办公室建筑外立面改造及室内设计项目
BEPOTATO
前期分析 ANALYSIS
项目概况 GENERAL
项目名称：BEPOTATO 比逗020社区餐厅城市办公室
项目地点：广州市天河区红砖厂
建筑面积：1180平方米
设计内容：建筑外立面改造及室内设计
功能定位：趣味性办公空间
目标人群：公司员工及客户
公司简介：广州比逗网络科技有限公司旗下运营的BEPOTATO比逗是一个由当地大学生发起众筹的社区化运营的餐厅。包含各种有趣的项目组可供大学生进行创业实践、交流创业经验。
项目区位 GOUND
项目周边环境 ENVIRONMENT
项目分析 LOGIC
一群90后的创业者们需要一个怎样的办公空间？
一家众筹为模式的餐饮公司需要一个怎样的办公空间？
一群生活在广州这样一座花城的大学生们需要一个怎样的办公空间？
公司背景 → 空间定位 → 功能需求
大学生 餐饮 社区文化 创业 90后 花城广州 020
趣味性 活力 生态 地域特色
健身 花园 派对 图书室 办公 员工餐厅 电动游戏 休息
传统办公空间vs趣味性办公空间！
VS
现代职场人士每天花在办公场所的时间超过8小时！但是大部分人的办公环境仍然是传统的格子间！与之相伴的永远是工作！工作！工作！无法提高员工的积极与主动性！
在互联网时代背景下办公应当更人性，更趣味！思维模式更加开放！工作与娱乐两不误才能提高员工积极性！
建筑左视图
空间策略 SPACE STRATEGY
日照
空气流通
二层玻璃结构
屋顶花园
屋顶
梁架
连续结构
普通办公室及会议室
CEO办公室
边庭
外墙体
中庭
一层
建筑策略 SRCHITECTURE
1. 原建筑为两栋厂房并列导致右侧因为另一栋厂房影响无法自然采光。
2. 为了右侧获得采光改造部分屋顶，解决右侧采光不足。
3&4. 通过铲除局部的坡顶形成一个平台
5. 通透的玻璃体块给予更多想象与自由的空间，丰富了建筑的层次感。
6. 嵌入玻璃体块结构，完成！甚至员工们可以在这里观看城市的落日。
广州地处岭南，日照时间长，较为湿热。基于此，在改造过程中着重考虑自然光与通风要求，除左侧面大面积开窗以外，利用建筑原结构设计中庭与边庭采光以及镂空砖墙，希望能够带来更多的户外阳光、良好的通风环境与氛围，体现花园城市的风貌。

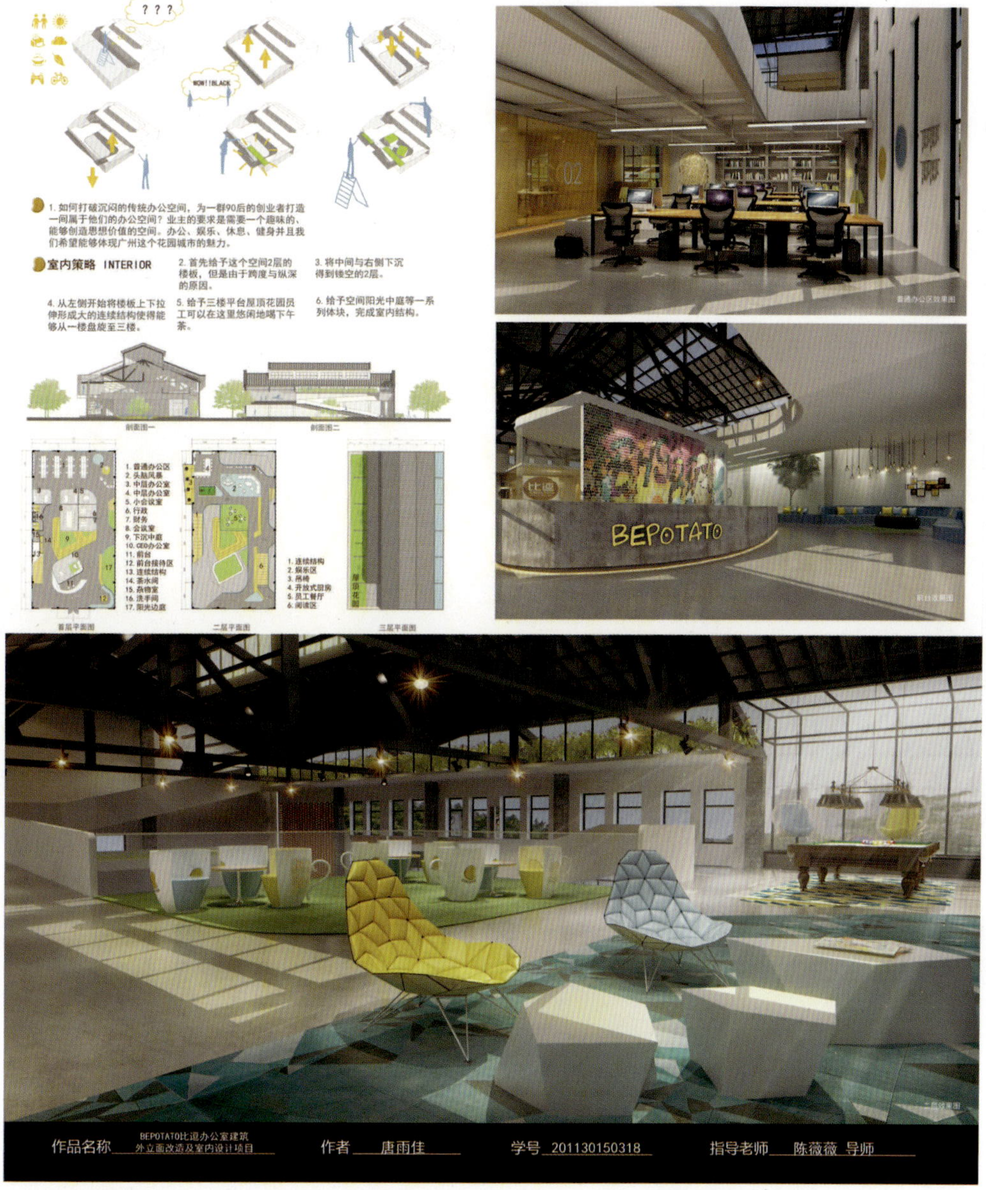

陈薇薇点评

此设计方案为一个实体项目，是学生为比逗餐厅设计的办公空间，项目的选址在广州红专厂。由于比逗是一个由广州大学生众筹的社区化餐厅，是一群 90 后年轻人的创业梦想，因此办公空间的设计定位为趣味性办公空间，非常符合年轻创业者的需求。整个项目经过多次的修改，最后的空间设计符合办公空间的功能，空间内部装饰与品牌文化融合到一起，整个设计非常灵动，具有趣味性，完全体现了互联网时代背景下的人性化趣味性办公要求。学生在整个设计过程中都非常认真，分析能力较强，设计表达比较完整。

刘昕玥作品

陈薇薇点评

该作品设计的是一个现代书店，设计项目选址在广州珠影星光城园区内，为旧建筑改造项目。设计的灵感来自于胡适先生的一句话：进一寸有一寸的欢喜。书店的设计风格是现代的，但是设计所体现出来的却是每一寸的恬静。整个设计比较完整，对于书店空间的把握也比较适度，将休闲功能巧妙地放入书店之内，完全体现了现代城市书店的功能需求。尽管在设计过程中，学生迷茫过，不知道要如何将书店设计得像一个书店，但在多次指导和讨论之后，设计方案成熟起来，最终的设计表达也非常丰富，将最初的设计初衷体现在了设计方案之中。

功能与流线分析

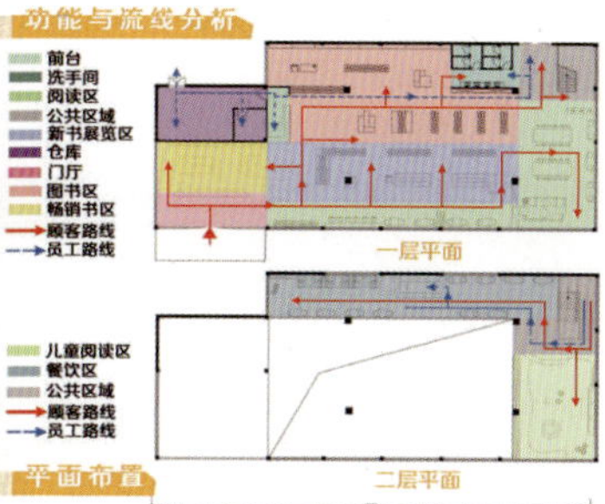

平面布置

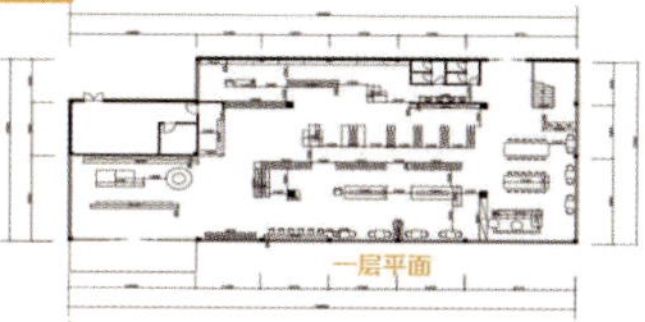

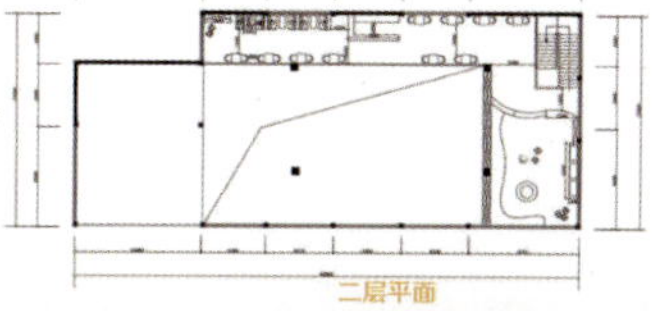

外立面图

建筑外立面主要运用黑色金属作为外墙材料，在靠近马路的立面采用大面积玻璃窗，达到采光通透的效果，也能够让顾客从建筑外面也能看见内部空间的情况，展现出书店阅读空间给人带来的的自由的感受。

效果图

书店采用多元化经营，打造生活化书店。这是一个安静优雅的场所，它不仅仅是销售图书的卖场，而且还是一个充满着人文气息、节奏上不疾不徐、细节上周到细致、能够带来全方位购书享受的空间。

入门处看似随意放置的书柜形陈设，以及置于其中的各式书籍也化作吸引顾客集结于此的媒介，刻有店名和摆放展示书籍的隔断，突出了书店的主题与氛围。

前台是整个区域的连接，在设计上比较醒目。整个内部中心的主要图书销售区域采用高低不一和款式迥异的桌柜展示书籍，以及靠窗还有阅读区域，还有一个独立的阅读空间，营造一种家庭式的读书氛围。

二楼咖啡区的植入满足了现代生活化书店的多元化，另外还有趣味十足的儿童阅读区。

作品：《一寸书店》　作者：刘昕玥　学号：201230150216　导师：陈薇薇

联系方式
电话：15205590607
微信：liuxinyue0607

刘智斌作品

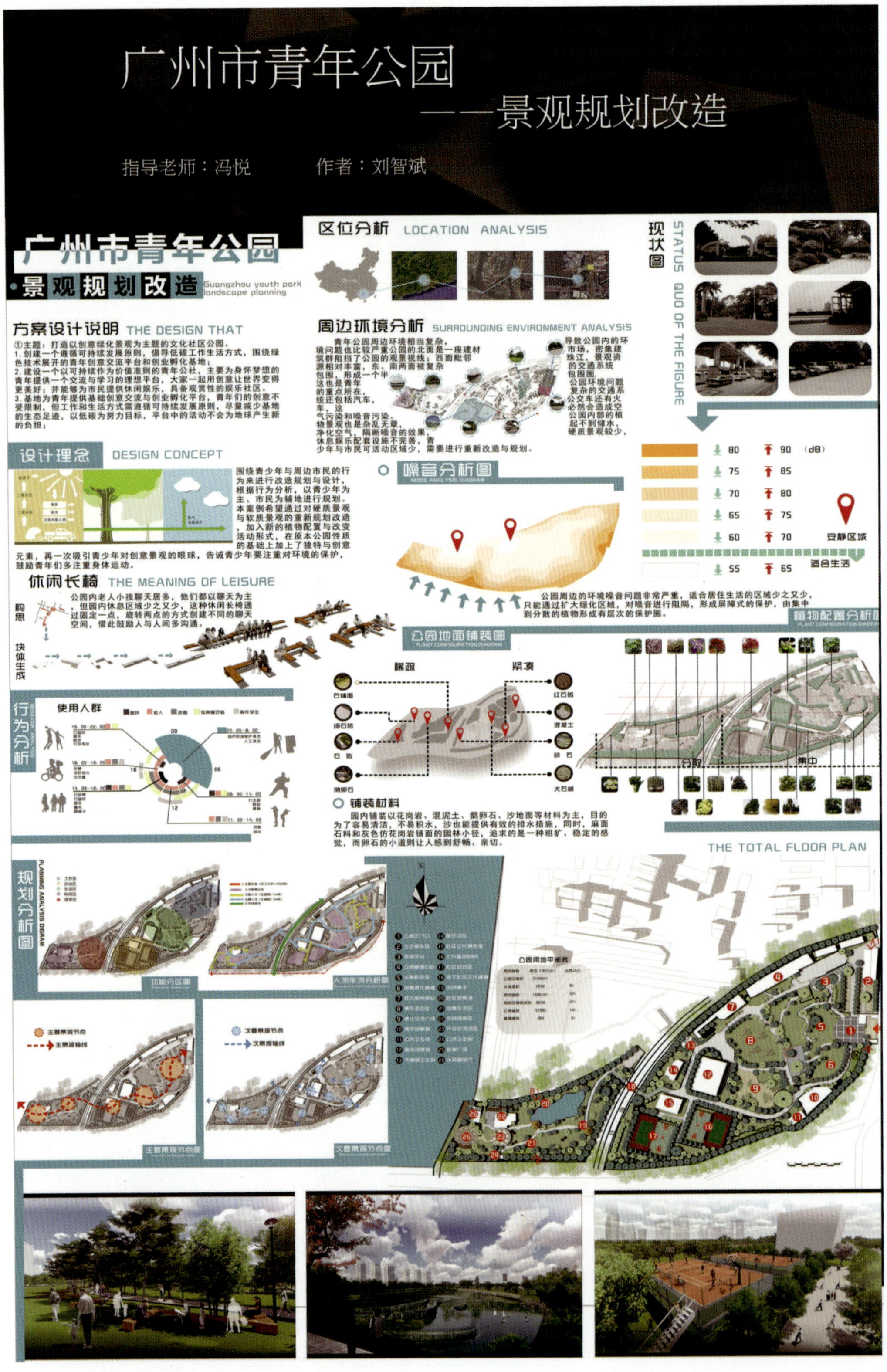

广州市青年公园
——景观规划改造
指导老师：冯悦
作者：刘智斌
区位分析 LOCATION ANALYSIS
现状图 STATUS QUO OF THE FIGURE
方案设计说明 THE DESIGN THAT
周边环境分析 SURROUNDING ENVIRONMENT ANALYSIS
设计理念 DESIGN CONCEPT
噪音分析图
休闲长椅 THE MEANING OF LEISURE
公园地面铺装图
植物配置分析图
行为分析
使用人群
铺装材料
THE TOTAL FLOOR PLAN
规划分析图

冯悦点评

广州市青年公园景观规划改造设计方案围绕青少年与周边市民的行为来进行改造规划与设计，根据行为分析，以青少年为主、市民为辅进行规划。对硬质景观与软质景观进行重新规划改造，加入新的植物配置与改变活动形式，在原本公园性质的基础上加上了独特与创意元素。本改造方案设计完善，整体效果好。

林永颖作品

SEUM
现代信息科技馆方案设计
项目背景
广州市
海珠区
佳信一街70号
现状分析
设计说明
活动分析
受众分析
室内空间
亲民互动
前瞻设计
以人为本
节能环保
二层功能布置图
SCIENCE MUS
设计理念
设计目的
设计元素
阶梯
斜坡
草坪
方案构思
建筑剖面
展示设计
前沿应用
展示科技
一层功能布置图
导师：李女仙
电话：13760810085
微信：WEIWEINIHAOME
作品：《现代信息科技馆》
作者：骆威威

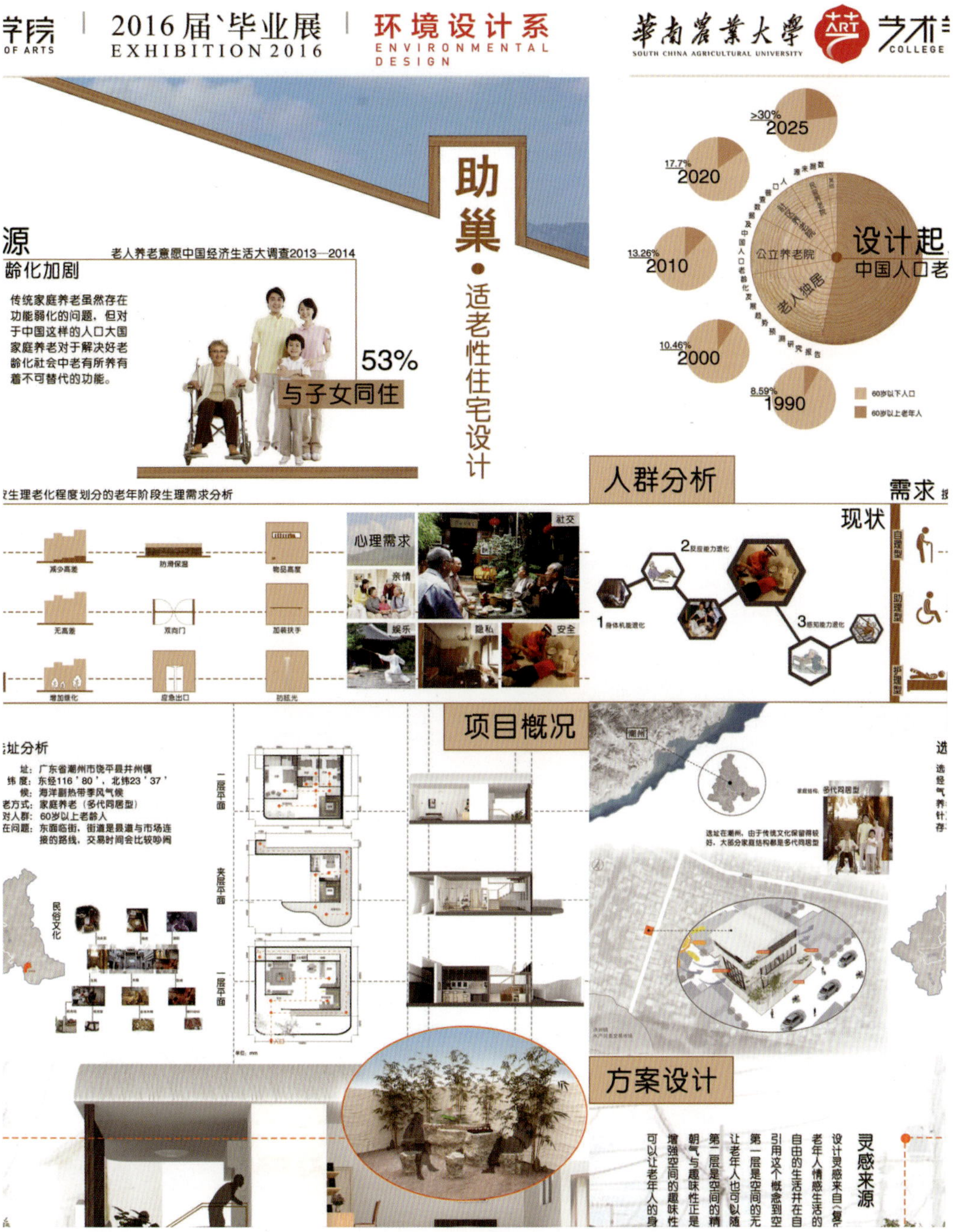

冯悦点评

棠下社区文化站建筑改造设计方案围绕可持续设计“三低”（低技术、低能耗、低成本）思想开展，解决原有建筑采光不足、通风不够等问题，打造舒适的综合、开放、多功能小型社区，传承和发扬岭南地域文化特色。设计方案完善，整体效果好。

许跃锐作品

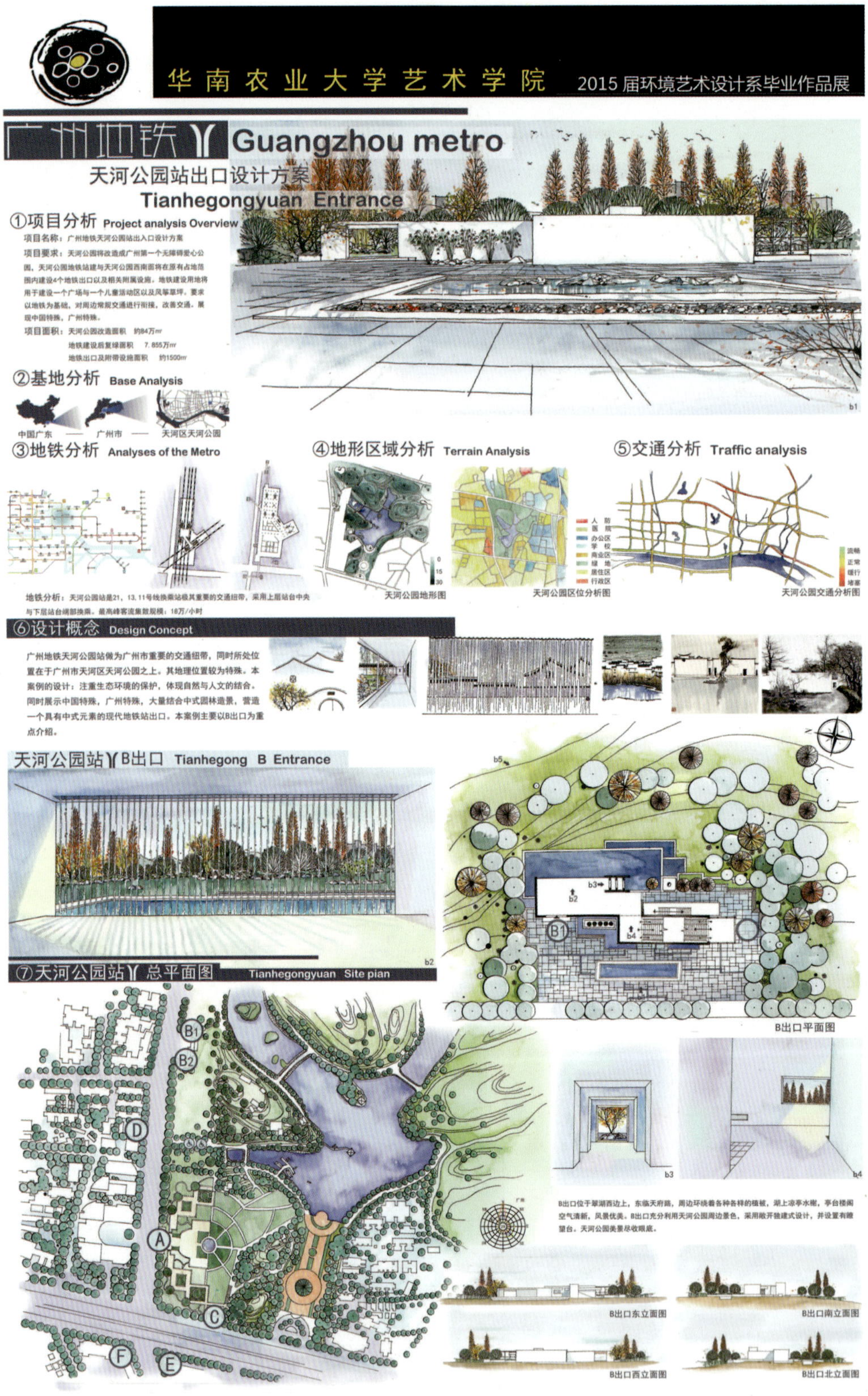
华南农业大学艺术学院
2015届环境艺术设计系毕业作品展
广州地铁
Guangzhou metro
天河公园站出口设计方案
Tianhegongyuan Entrance
①项目分析 Project analysis Overview
项目名称：广州地铁天河公园站出入口设计方案
项目要求：天河公园将改造成广州第一个无障碍爱心公园，天河公园地铁站建与天河公园西南面将在原有占地范围内建设4个地铁出口以及相关附属设施，地铁建设用地将用于建设一个广场与一个儿童活动区以及风筝草坪，要求以地铁为基础，对周边常规交通进行衔接，改善交通，展现中国特殊，广州特殊。
项目面积：天河公园改造面积 约84万㎡
地铁建设后复绿面积 7.855万㎡
地铁出口及附带设施面积 约1500㎡
②基地分析 Base Analysis
中国广东 —— 广州市 —— 天河区天河公园
③地铁分析 Analyses of the Metro
④地形区域分析 Terrain Analysis
⑤交通分析 Traffic analysis
天河公园地形图
天河公园区位分析图
天河公园交通分析图
地铁分析：天河公园站是21，13，11号线换乘站极其重要的交通纽带，采用上层站台中央与下层站台端部换乘。最高峰客流集散规模：18万/小时
⑥设计概念 Design Concept
广州地铁天河公园站做为广州市重要的交通纽带，同时所处位置在于广州市天河区天河公园之上。其地理位置较为特殊。本案例的设计：注重生态环境的保护，体现自然与人文的结合。同时展示中国特殊，广州特殊，大量结合中式园林造景，营造一个具有中式元素的现代地铁站出口。本案例主要以B出口为重点介绍。
天河公园站B出口 Tianhegong B Entrance
⑦天河公园站总平面图 Tianhegongyuan Site pian
B出口平面图
B出口位于翠湖西边上，东临天府路，周边环绕着各种各样的植被，湖上凉亭水榭，亭台楼阁空气清新，风景优美。B出口充分利用天河公园周边景色，采用敞开独建式设计，并设置有瞭望台。天河公园美景尽收眼底。
B出口东立面图
B出口南立面图
B出口西立面图
B出口北立面图

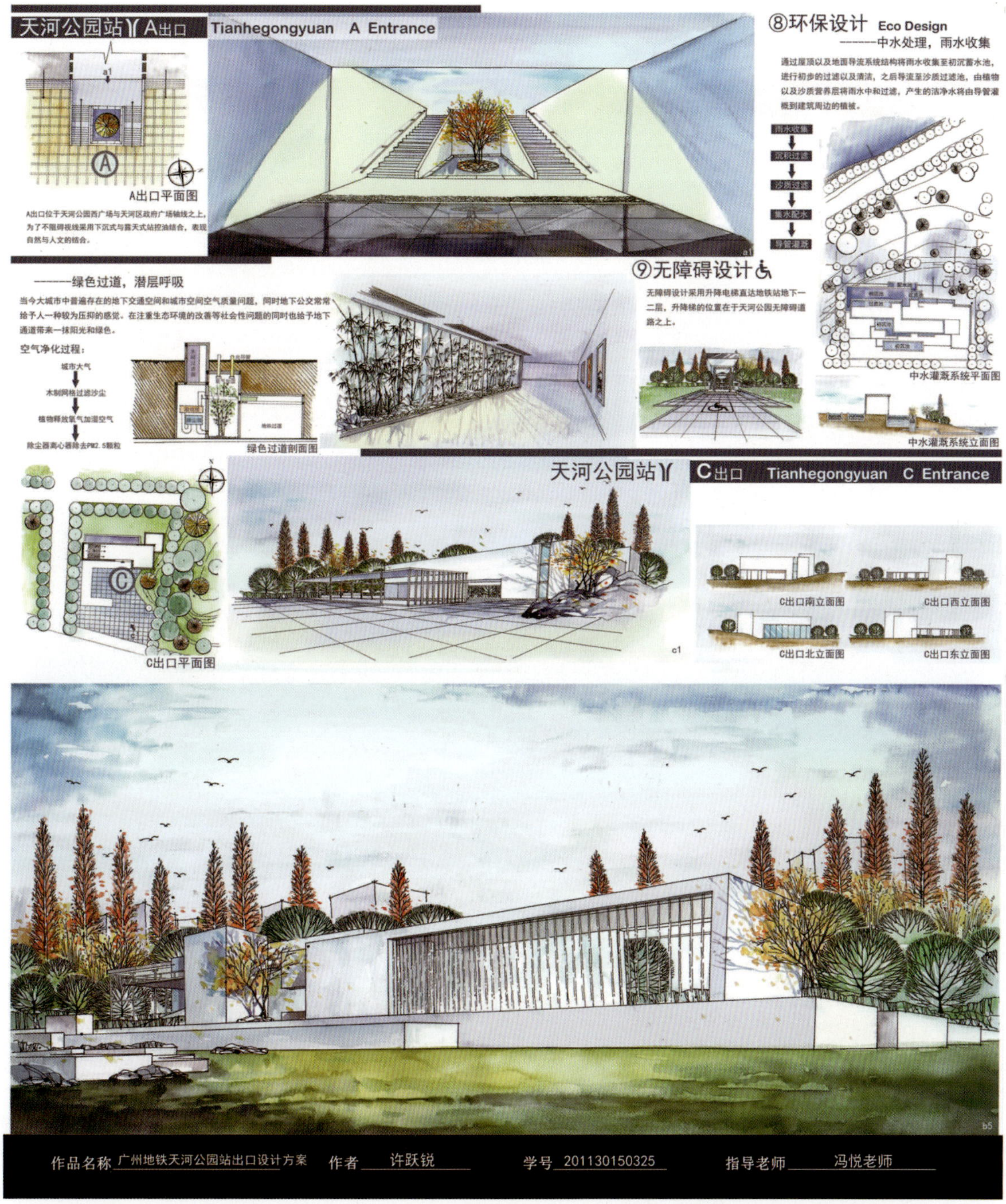

冯悦点评

广州地铁天河公园站出口设计方案地理位置较为特殊，位于广州市天河区天河公园之上。本设计注重生态环境的保护，体现自然与人文的结合。同时展示中国广州文化特色，大量结合中式园林造景，营造一个具有中式元素的现代地铁站出口。设计方案画面完整，整体效果好。

石古盛作品

华南农业大学艺术学院 2015届环境艺术设计系毕业作品展示
区位概况
华南农业大学新学生公寓——室内
极简主义
South China agricultural university new student apartment—interior design
minimalism
设计理念
项目分析
方案生成
Scheme generation

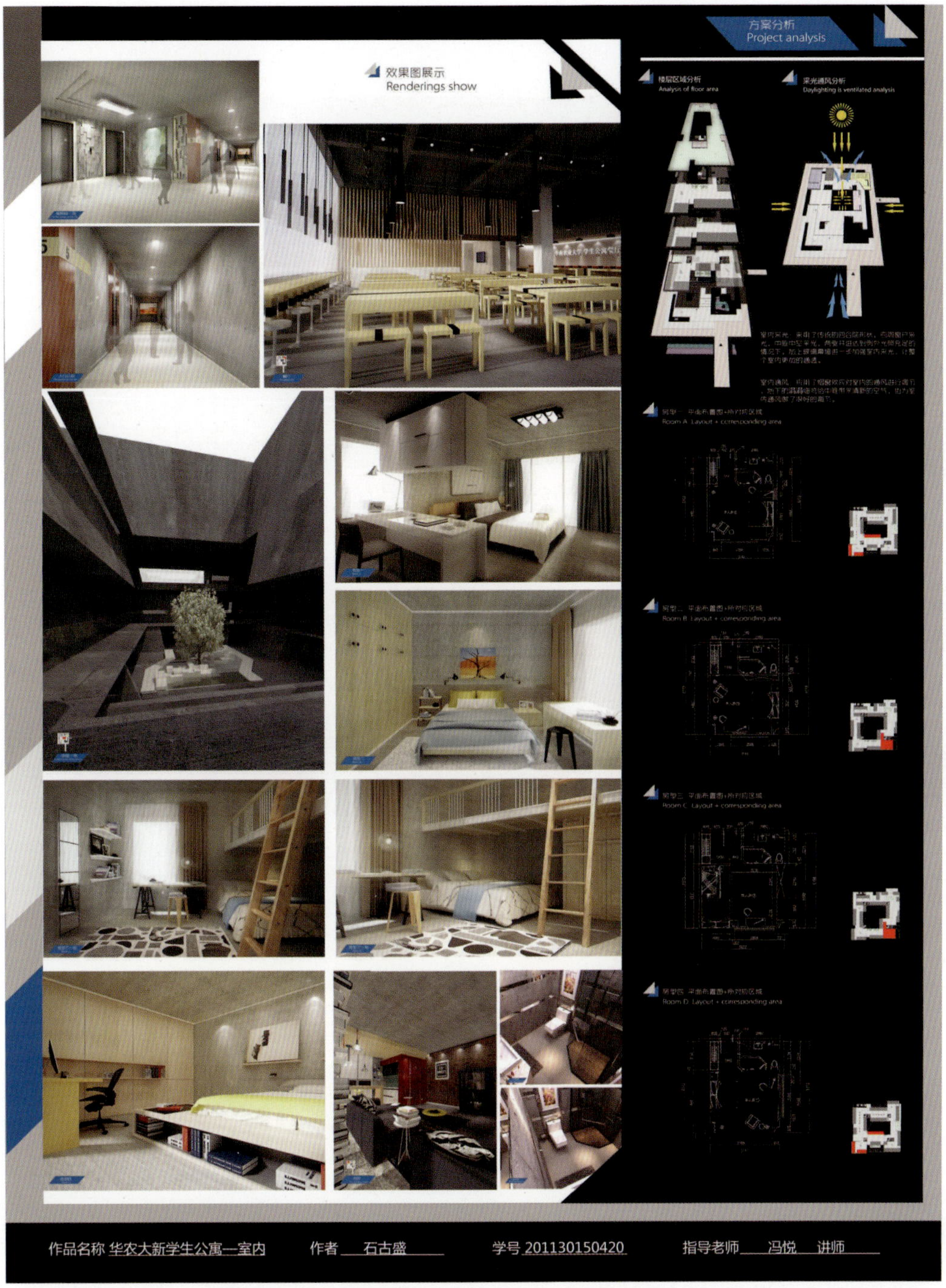

冯悦点评

华南农业大学新学生公寓室内设计方案着重学生之间的沟通与交流。第一至第五层宿舍意在营造社区氛围，为学生提供家庭归属感。所有的公共空间都位于两个主要体量的中央交通空间之间的位置，让设计充满律动感，使得整个校园空间充满了生机。

孔令仪作品

华南农业大学艺术学院 2015届环境艺术设计系毕业作品展示

本次改造F13厂房
总面积：157平方米
长度：12.6米
宽度：12.5米
最低高度：4米
最高高度：9米

项目分析

"红专厂"前身是广州鹰金钱食品厂，以苏式建筑为主，区内现在仍保留着几十座大小不一的苏式建筑，厂房的结构空旷开阔，很适合改成LOFT空间。是广州第一家非房地产包装的真正意义上的创意园区，现在红砖厂以现代的视野，国际平台，探索打造富有时尚、创意、艺术和人文精神的新领域。

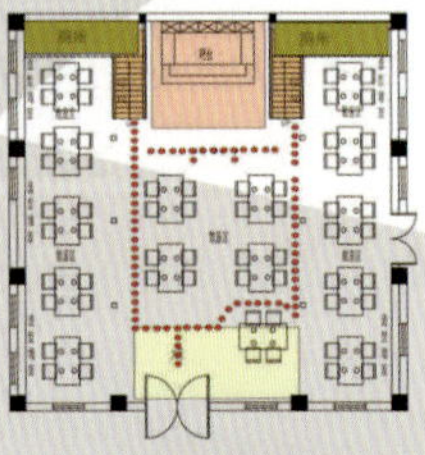

设计分析：

本次咖啡厅改造的空间为红砖厂F13厂房，面积400平方米左右，两层的建筑，一层内心，二层半用空间

我将咖啡厅正门口的墙改成9米高的落地玻璃给人以通透温暖的感觉。在本次设计中我主要采用了钢架和木头有相结合木质材料具有良好的视觉特性，具有保护视力的作用，在此阅读也不会过于损伤视力。

具有明显的湿度调节功能和良好的声学性质，使得声音在传播过程中更加柔和，在交谈时声音清晰，且有良好的隔音效果。整个空间采用开放式布局，隔音就尤为重要。

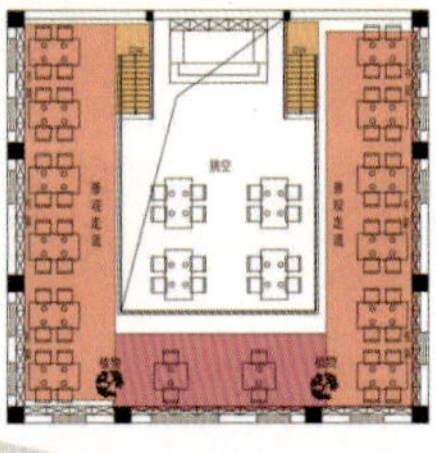

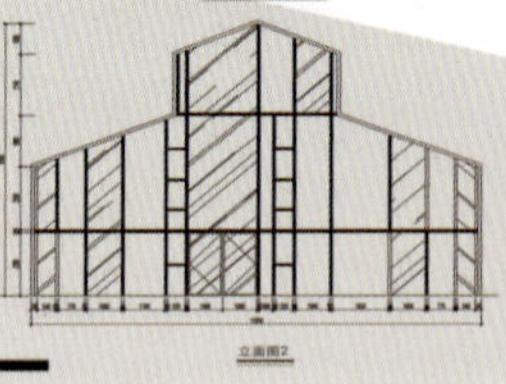

冯悦点评

红专厂 F13 旧房改造方案改造后的整个空间采用开放式布局，整体陈设简约而不简单，无一不透露出带艺术气息的都市色彩。室内混合了各种材质的材料，砖墙和管道不加装饰，塑造了一个温暖、艺术感强、开放的都市室内空间。

郑林治作品

華南農業大學
SOUTH CHINA AGRICULTURAL UNIVERSITY
艺术学院
COLLEGE OF ARTS
2016届`毕业展
EXHIBITION 2016
环境设计系
ENVIRONMENTAL DESIGN
华南农业大学展览馆
South China Agricultural University Exhibition
概念建筑设计
Concept Design
项目概况
区域位置
气候分析
区域资源
区域交通
周边现状
基地分析
基地区域
基地交通
基地现状
方案展示
设计理念
《 统一的建筑语言 · 巧妙的高差空间 》
设计说明

胡朝晖点评

本作品选址于华南农业大学“红满堂”东侧。设计者利用其熟悉的地理环境，借鉴埃舍尔的“无边界空间”和“错觉空间”概念，利用地形高低差，打造了一个“建筑语汇统一，空间错差有致”的展览建筑空间。

设计者充分利用屋顶、庭园将建筑与自然环境紧密结合，使得室内外空间相互渗透、穿插，形成丰富、有趣、生动、多元的空间感受。

整个设计室内外空间装饰手法统一、和谐，整体性好，功能布置较合理、紧凑，体现出设计者在环境塑造和空间处理上有较好的把控能力。

莫平凡作品

黄鑫点评

此作品为华南农业大学校园艺术综合体建筑及环境设计方案。3 月，华南农业大学校园开满了名曰紫荆花的粉紫色花儿，学校每年举办紫荆花文化节，吸引数十万游客前来赏花。紫荆花已经成为华南农业大学的一张名片，承载这所百年老校的形象。设计师从紫荆花样式入手，以仿生形态的设计为手法，变形紫荆花图案，进行校园艺术综合体建筑与环境设计。设计作品能够做到整体大气、主题鲜明。整体形态用准确精练的设计语言，表现紫荆花摇曳多姿的动态，同时又能吻合空间设计的时代审美。设计以紫荆花为题材，元素贯穿设计作品始终，细节能够保持高度统一，取得主题鲜明的感染力。

7、人流路线分析

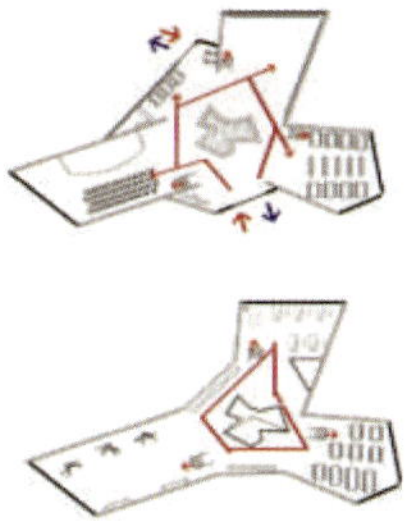

由于大楼具有了多重的功能，所以在人流路线上并没有太大的限制，学生可以根据自己的需求去到各个地方。所以本楼的人流路线灵活多变，并不拘谨，在意义上同艺术是自由的相统一。

6、立面分析

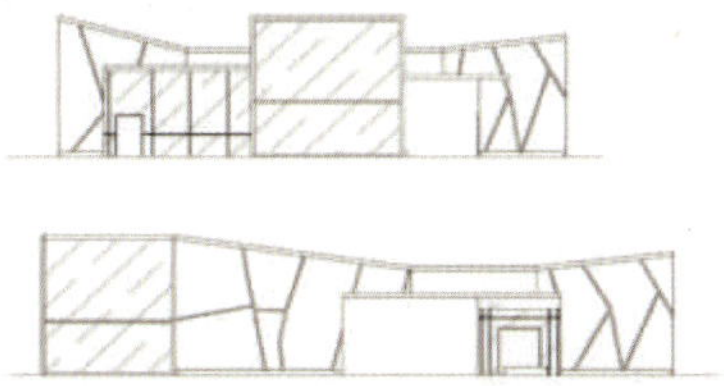

建筑立面采用了裂纹形式，模仿了紫荆花上的纹路。在裂纹中嵌入灯带，到了晚上亮灯，则会巧妙地烘托气氛，营造出现代感十足的韵味。三个向上倾斜的顶下面的立面，则全采用玻璃这种材质，使得室内空间照明良好，从而在白天可以最大可能的减小电量的使用，也起到一定的环保作用。

一楼休闲区/画室/阅览室

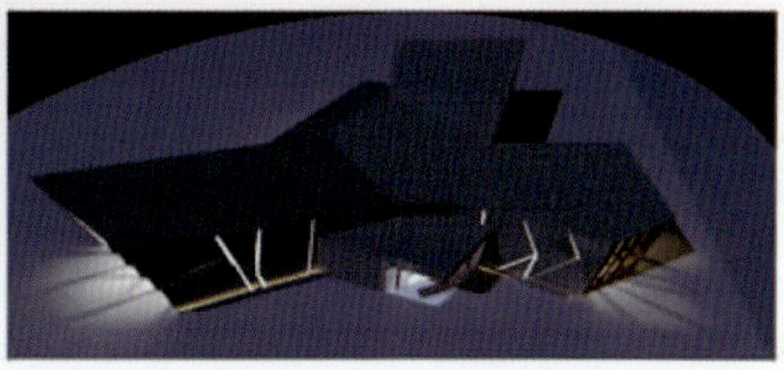

大门入口/俯视

正面夜景

作品名称 Z J（艺术综合体）　作者 莫平凡　学号 201130151116　指导老师 黄鑫

邱德超作品

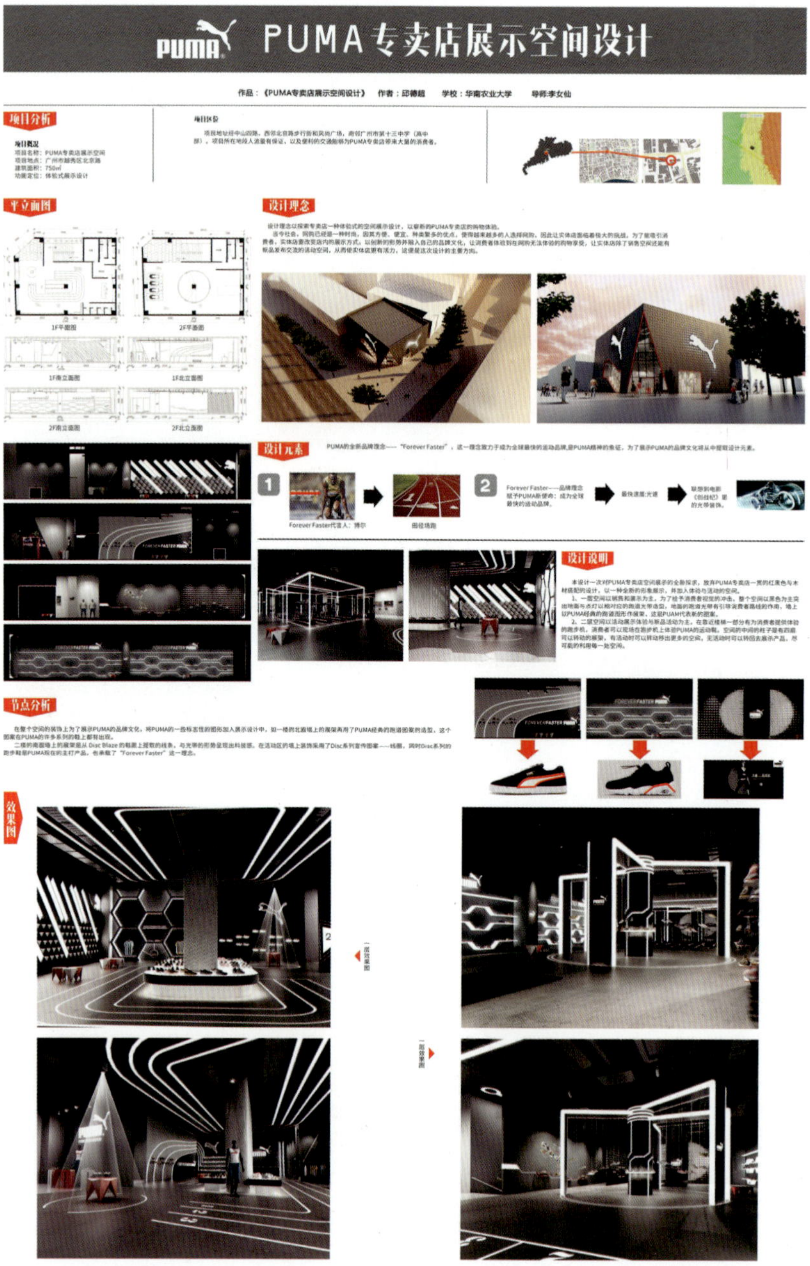

李女仙点评

该方案以体验式的展示与销售模式构思 PUMA 专卖店设计，构思巧妙，思路完整。在视觉设计元素方面，该方案以直线或弧形光带象征光速，表达 PUMA 时尚与速度的品牌形象。空间组合完整，功能布局合理，动线流畅。设计理念与设计表现的结合较好，设计表现手法熟练，展示空间形式丰富。

骆威威作品

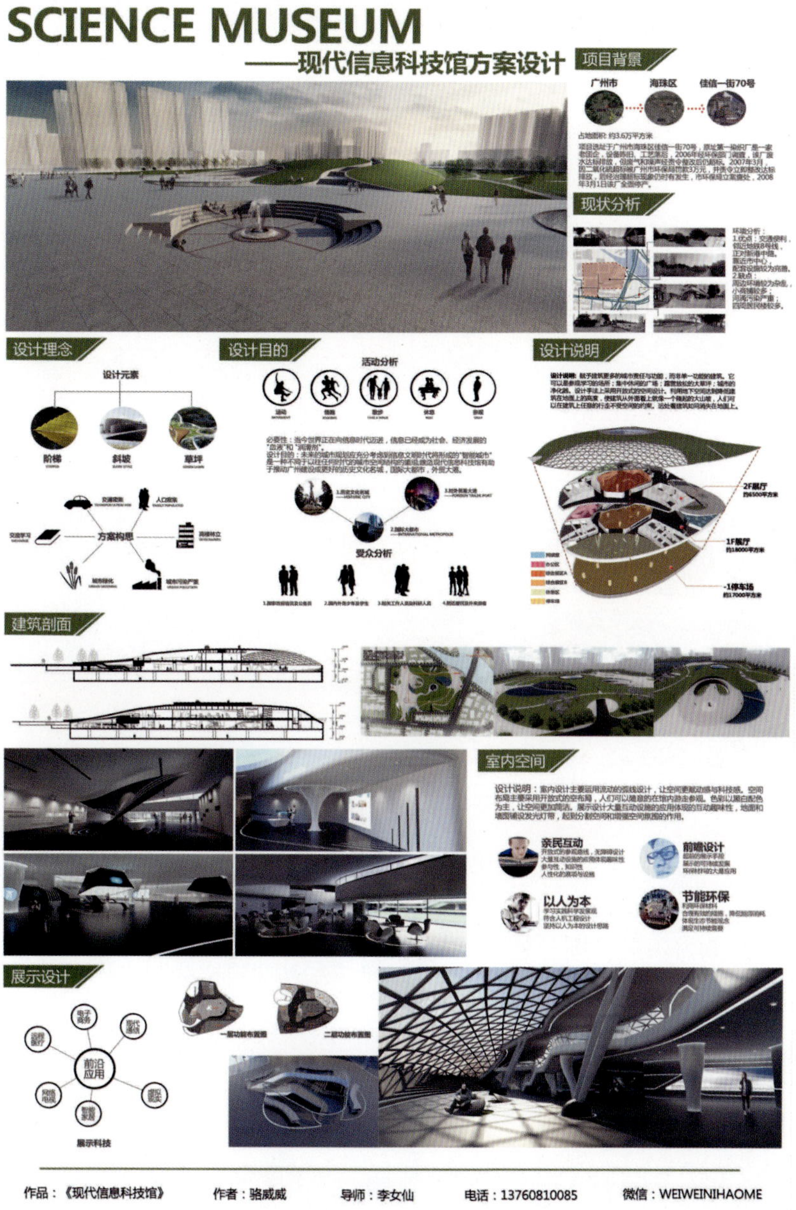

李女仙点评

该方案立意新颖，且具有创新性与实用性。“现代信息科技馆”总体采用下沉式设计，使整个建筑、景观形成一个城市广场，除了供市民参观获得知识以外，还为市民提供休闲、娱乐、聚会的场所。整个方案平面布局合理，空间形态丰富，展示空间灵动。建筑内部的展示系统比较完备，对于展示道具的设计等细节的处理也比较到位。

林秀钿作品

华南农业大学
SOUTH CHINA AGRICULTURAL UNIVERSITY
艺术学院
COLLEGE OF ARTS
2016届`毕业展
EXHIBITION 2016
环境设计系
ENVIRONMENTAL DESIGN
助巢
适老性住宅设计
>30%
2025
17.7%
2020
13.26%
2010
10.46%
2000
8.59%
1990
设计起源
中国人口老龄化加剧
公立养老院
与子女同住
老人养老意愿中国经济生活大调查2013—2014
传统家庭养老虽然存在功能弱化的问题，但对于中国这样的人口大国家庭养老对于解决好老龄化社会中老有所养有着不可替代的功能。
53%
与子女同住
60岁以下人口
60岁以上老年人
人群分析
需求 按生理老化程度划分的老年阶段生理需求分析
现状
1身体机能退化
2反应能力退化
3感知能力退化
心理需求
社交
亲情
娱乐
隐私
安全
项目概况
选址分析
选 址：广东省潮州市饶平县井州镇
经 纬 度：东经116 ' 80 '，北纬23 ' 37 '
气 候：海洋副热带季风气候
养老方式：家庭养老（多代同居型）
针对人群：60岁以上老龄人
存在问题：东面临街，街道是县道与市场连接的路线，交易时间会比较吵闹
潮州
民俗文化
一层平面
夹层平面
二层平面
方案设计
灵感来源
设计灵感来自《复乐园》这是一部探索老年人情感生活的文学作品里面有提到一个概念
自由的生活并在自由中死去
引用这个概念到空间设计中可分为两个层面
第一层是空间的无障碍
让老年人也可以随心所欲的享受房子里的每一个空间
第二层是空间的精神自由
朝气与趣味性正是老年人渴望且生活里缺乏的
增强空间的趣味性与朝气活泼的气息
可以让老年人的身体灵活精神更自由

戚芳妮点评

众所周知，中国已经步入老龄化社会，人口老龄化的速度十分快。到2025年，预计会出现一个高峰，老年人将超过总人口的30%。因此，我国近几年不断在养老住宅、养老政策上做实事、谋创新、做探索。该生有着敏锐的专业视角、市场洞察力及前瞻性，对养老住宅的设计切入点把握准确。

该生经过调研发现，大部分老年人希望与子女同住并选择家庭养老。所以整个设计方案主要针对这种多代同居的家庭住宅进行“适老性设计”。该生通过对老年人生理、心理及行为进行分析，在居住空间的入口、楼梯、卧室等关键部位运用了适老性的设计，从而使得老年人的居住环境质量得以提升，有助于改善我国老龄化现象引发的衣食住行等问题。在设计理念上，该生能本着人性化的出发点，结合专业知识发现问题、思考问题、解决问题，这种学习方法与精神值得借鉴与肯定。

黄耀锋作品

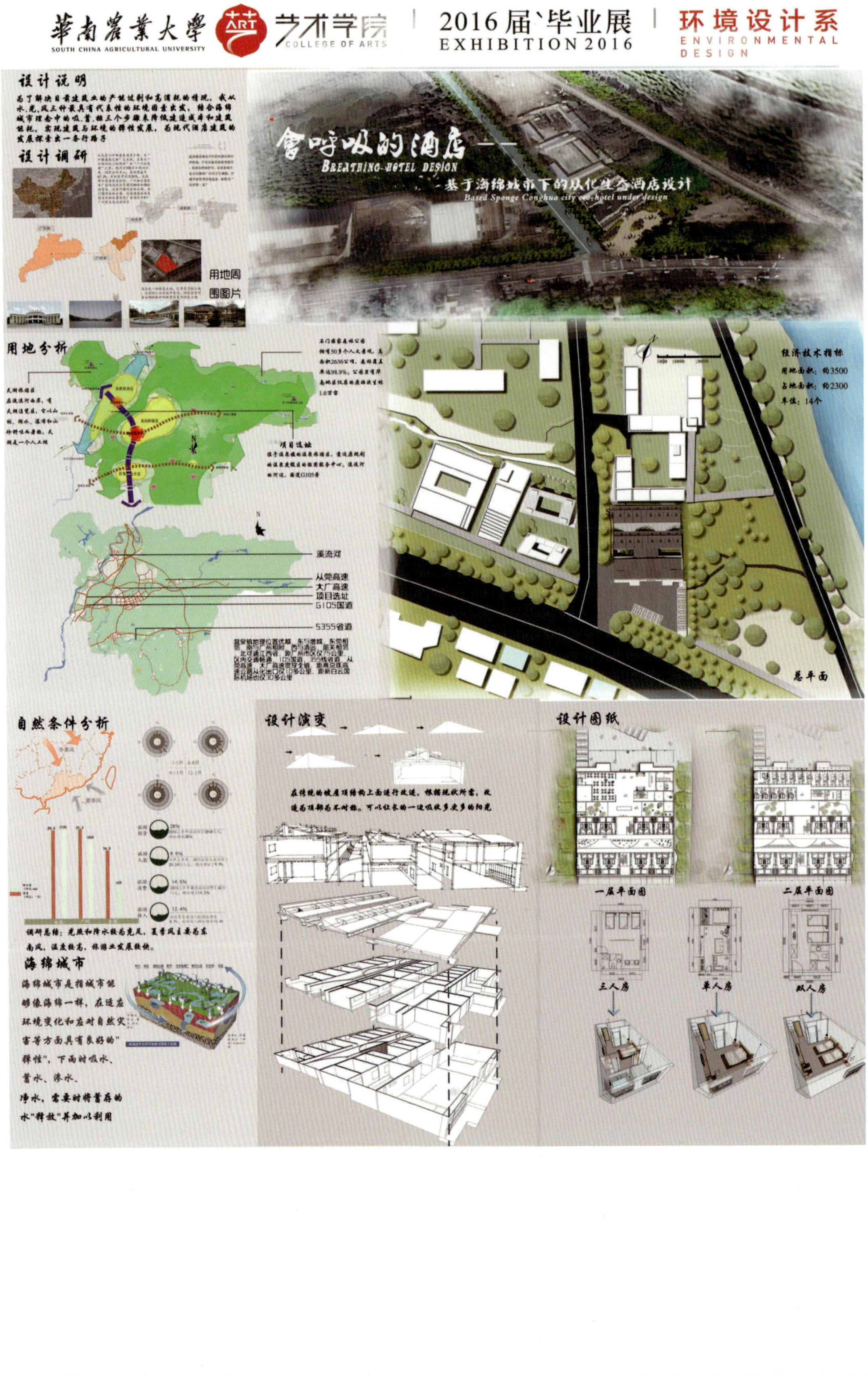

華南農業大學
SOUTH CHINA AGRICULTURAL UNIVERSITY
艺术学院
COLLEGE OF ARTS
2016届`毕业展
EXHIBITION 2016
环境设计系
ENVIRONMENTAL DESIGN
设计说明
设计调研
用地周围图片
會呼吸的酒店——
BREATHING HOTEL DESIGN
——基于海绵城市下的从化生态酒店设计
Based Sponge Conghua city eco-hotel under design
用地分析
项目选址
溪流河
从莞高速
大广高速
项目选址
G105国道
S355省道
经济技术指标
总平面
自然条件分析
海绵城市
设计演变
设计图纸
一层平面图
二层平面图
三人房
单人房
双人房

戚芳妮点评

随着社会的高速发展，现代建筑形式与材料表现出高能耗、污染重等问题，绿色建筑越来越受到现代社会的高度关注。而生态酒店建筑对环保、经济、节能的需求更为迫切。把生态酒店建筑形式的研究置于海绵城市这样一种理念中思考、推敲，是在用发展的眼光解决问题。因此，该生在选题切入点方面定位准确、时代性和创新性强。

该生以从化生态酒店设计为例，提出生态酒店建筑设计与发展的新模式。结合地区自然条件，提取海绵城市中的吸、蓄、排三个步骤，创造出适合当地特点、建筑与自然和谐发展的新形式，实现建筑与环境的弹性发展，让酒店得以“呼吸”。这不失为一条未来生态酒店建筑的新路子。在设计理念上，该生很好地将环境设计专业的知识与海绵城市理念结合，设计手法新颖、熟练，设计成果有良好的市场性、可实现性。

庞国康作品

華南農業大學
SOUTH CHINA AGRICULTURAL UNIVERSITY
艺术学院
COLLEGE OF ARTS
2016届`毕业展
EXHIBITION 2016
环境设计系
ENVIRONMENTAL DESIGN
悦舍
—— 毕业大学生公寓设计
Graduate student apartment design
1 项目设计背景
设计的意义：
随着大学生数量的逐年增多，大学生毕业后的居住问题也越来越引起人们的关注。本项目利用旧厂房建筑进行改造设计，拟打造一处专属于毕业大学生的社区空间，利用良善的公共空间和紧密的社区氛围缓解毕业大学生的居住烦恼。
设计的目的：
1、创建一个专属与毕业大学生的社区空间。
2、良善的公共空间和紧密的社区氛围，让年轻人之间更好地交流。
3、便宜、方便、快捷、功能齐全。
4、一个让年轻人汇聚的大家庭。
2 基地分析
项目地址位于广州市海珠区新港中路的珠江电影制片厂，处于广州市新中轴线南段。珠江电影集团的前身是广州电影制片厂，如今，集团走商业化、市场化的道路，充分利用在城区的优越位置，建成了美食娱乐城，通过多样化的经济形式来盘活资产，同时也保留了大量旧厂房。
3 基地现状
4 目标人群
1、针对人群：大学毕业生，高素质，易相处。公寓面向的是年轻群体。
2、这一群体刚从学校毕业，大都处在人生的过渡阶段，他们工作年限较短储蓄不多，因此大都会选择租赁住房的方式度过这个与社会的磨合阶段。
3、他们受过良好的教育，拥有高学历，因此对于事业、物质生活大都持有较高的追求和标准。
5 优化方法
建筑改造策略：一、保留原建筑；二、通过“减法”对无价值建筑去除；三、根据需求通过“加法”添加新建筑，保持原有建筑肌理符号；四、新旧建筑相互结合。
6 空间结构
7 公共空间建构
公共空间是在原有的两栋旧建筑之间新建而成，每一层都有其特色功能，集合休闲、娱乐、健身、阅览、餐饮、于一体。
8 户型分析
双人户型：
客卧一体，包含独立卫生间、厨房，榻榻米、工作学习等功能区。
多人户型：
复式户型，包含独立卫生间，厨房，工作学习等功能区，最多可住4人。
“麻雀虽小，五脏俱全”，诸多贴心细节非常到位地打造出年轻浪漫的生活氛围。小户型空间功能一应俱全，巧妙地组合，起居室、办公室、卧室，三个功能区合二为一，设计灵活，节省空间。
9 设计元素
珠江电影厂建筑风格多为上世纪50年代社会主义大建设时期所建造的苏式建筑风格，属于功能至上，立面粗犷，具有工业建筑的力量美感。建筑立面材质多为水洗石与红砖，加以涂料，有几处工作棚为坡屋顶，所以项目的设计元素是依据原建筑风格搭配相红砖、原木等。
首层平面图
二层平面图
三层平面图
四层平面图

作品：《悦舍》　作者：庞国康　学号：201230150121　指导老师：翁威奇

联系方式
电话：13711695483
微信：13711695483

翁威奇点评

1. 选题背景与意义

住房问题是大学生毕业后所要面对的较为显著和重要的生活问题。该设计通过总结大学毕业生住房现状及问题、国内外现有的相关住房经验、相关住房政策、现有的解决办法等，试图为解决毕业大学生们的居住问题提供更多的可能性。

刚毕业的大学生由于资金匮乏、工作不稳定等诸多原因，不得不蜗居在脏乱差的城中村，或者支付高昂的房租与人合租。以专业视角发现问题、用专业知识解决问题是本专业服务于社会和培养人才一贯坚持的理念，毕业大学生公寓的设计目的就是缓解及改善大城市中刚毕业的大学生的居住难题，此选题有积极的社会意义。

2. 设计重要环节与关键点

（1）调研分析。

通过调研，庞国康同学发现大学生刚毕业时收入较低且工作状况并不稳定，为了节省生活成本、完成自己在城市生活发展的梦想，很多刚毕业的大学生（大部分为非当地籍贯的学生）不得已选择到城市中地段偏远、居住环境差的城中村中租屋居住。在广州，有139个城中村，分布在5个城区，即天河区（28个）、海珠区（20个）、白云区（58个）、荔湾区（17个）、黄埔区（16个）。它们均为近年来大学毕业生选择居住的热门地点。

大学生之所以选择住在城中村，就是因为城中村租金廉价，而廉价的背后是城中村无可忽视的“复杂”环境，甚至存在违法违规现象。对于刚毕业的大学生而言，事业是其主要的奋斗目标，而对于生活，特别是居住环境，经调研有过渡性、经济性、舒适性、灵活性、便捷性、安全性、开放性等需求。

（2）设计要点。

庞国康同学的调研分析总结了刚毕业的大学生的住房需求要点，在设计时考虑到了经济性的现实问题，所以项目选址位于广州市海珠区新港中路的珠江电影制片厂，该厂地理位置交通方便，与周边成熟的商业区紧密相连，经改制后该厂现空置了大量结构完好的旧厂房，在原有的建筑基础上用改造的方式去建设大学生公寓既解决了部分大学生居住需求问题，也使得空置的厂房焕发了活力，这是该设计方案的要点之一。

该案设计时在保留原建筑的基础上采取了加减法的方式。通过“减法”去除无价值建筑，通过“加法”添加新建筑，新旧建筑相互结合。公寓内部的左右两边为旧建筑改造而成的住房，每层住房的户型各不相同，按照需求划分为单人间、双人间、多人间等，满足多种居住组合的要求。中间新建部分为公共空间，这是公寓内部的特色空间，公共区域按照楼层划分，分别设计为餐厅、洗衣间、娱乐空间、休闲空间、健身空间、阅览空间、就业空间等，能让公寓里的毕业生更好地交流，增进舍区邻里的关系，及最大限度地便利住户的日常生活，这是该设计的要点之二。

庞国康同学运用专业知识去思考大学生这一人群在毕业后步入城市工作生活中存在的初期住房问题，并使用专业知识去解决问题并优化结果，这种设计思维方式符合社会实践工作的需求。

双悦作品

華南農業大學
SOUTH CHINA AGRICULTURAL UNIVERSITY
艺术学院
COLLEGE OF ARTS
2016届`毕业展
EXHIBITION 2016
环境设计系
ENVIRONMENTAL DESIGN
叹为观纸
纸艺体验馆设计
1 设计背景和目的
近年来，以现代折纸、纸艺橱窗为首的纸品艺术逐渐出现在大众视野。随着纸艺文化在国内的推广和发展，越来越多对纸艺充内重新发扬光大的初心，这些工作室致力于纸
艺展览、教学、交流等活动，并通过网络传播纸艺文化。然而由于力量有限，并没有系统和固定的线下纸艺体验空间，大多数情况下面对面的纸艺教学仅局限在形式单一的DIY体验馆传播和不定期的商业或公益纸艺活动中。
我的毕业设计选题，是想通过纸艺这一物质载体，唤醒大众重新看待中国传统艺术，了解纸艺并对其产生兴趣，丰富人们的精神文化生活。因此设计一个合适的线下空间，作为公众长期体验纸艺和交流的场所。
2 选址分析
①地点：广州市T.I.T创意园
TIT创意园的前身是建于1956年的广州纺织机械厂，广州纺织工贸集团积极响应广州市政府政策，以巨资投入打造一个以服装、服饰为主题，产业多元化整合，集时尚、文化、艺术、创意、设计、研发、发布、展示功能为一体的创意产业平台。
②周边环境
广州TIT纺织服装创意园项目位于海珠区客村地铁A出口的广州纺织机械厂原址，处于城市新中轴线上，与广州新电视塔南广场连为一体。广州塔、赤岗塔公园、珠江帝景苑、丽影广场坐落在周边。
③交通分析
园区周边被赤岗北路、艺苑路、新港中路三路环绕，靠近地铁三号线和八号线相交的客村站，人流量较大。毗邻广州塔南广场，可以步行至广州塔。
④人群分析
TIT创意园作为一个多功能创意产业园区，主要人员大多是富有创造力和激情的年轻人，也不乏有品位有财力的投资商和老板；
周边社区除了珠江帝景苑以外，还有赤岗社区、泓景花园、丽园雅庭、佳信花园等居住区，相应的配套设施例如教育机构，周边小学中学专科院校高达十所。TIT创意园也是学生和周边居民生活的一部分；
园内环境清幽，经常承办一些创意文化活动并对社会免费开放，因此吸引不少有兴趣的人前往。在园中常能看到三五成群的年轻人背着相机拍照参观。
前台接待区
T.I.T创意园
CREATIVE INDUSTRY ZONE
3 建筑外观分析
初稿的建筑外观设计是方正的对称建筑，遵从折纸CP线“对称的直线”的特点做设计，并站在“设计一个趣味空间”的角度调整了我的想法，将一层破出一个室外空间作为室外休息区。屋顶均有一定倾斜度，考虑到广州气候多雨，屋顶倾斜利于排水，一层屋顶空地会增加绿植。在T.I.T创意园和1850创意园调研的过程中，我发现室外楼梯的设计能让建筑与环境有一个过渡，值得我借鉴。

4 室内平面

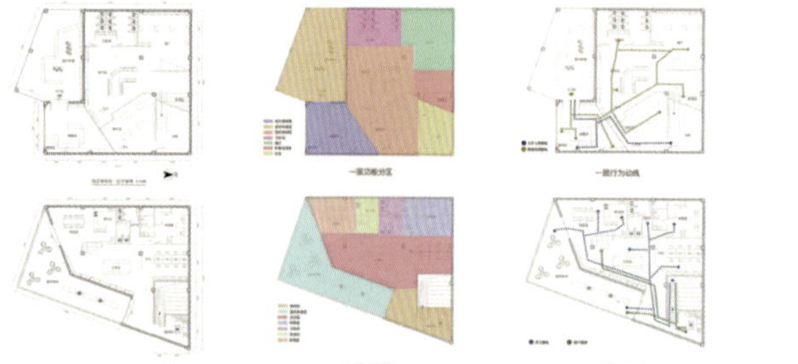

5 设计说明

体验馆整体建筑占地约400㎡，高两层。

空间主题是纸艺体验馆。从设计元素来说，我认为在设计一个趣味空间并使之契合主题的手法上，提取能够让人立刻联想到纸的特性的元素要比直接使用具象的纸艺形象例如纸飞机要来的有深度，因此提取了一些纸艺元素做设计。例如：入口接待区的流水台和制作区的桌子是模仿了纸带的折叠状态；两个制作体验区中间的隔断提取了纸雕的制作手法，产生的正负形不仅连贯了两个空间的视线，并且兼顾了工作台的功能。

选址是在交通便利、租金昂贵、环境清幽、创新人才云集的TIT创意园内，因此体验馆具备盈利的性质和不定期举办类似TED讲座、折纸论坛聚会等为社会传播知识和正能量的集会的场地条件。入口的前台兼销售区为体验馆创造盈利，阶梯楼梯是集会和交流的主要场所。从纸艺制作过程的角度来看，大型折纸经常需要平坦整洁的大面积空地；儿童在折纸教学时如果能坐在地上会更放松自由地进入状态；精细的纸雕等作品则需要合适的工作台和充足的光线进行制作。因此，将制作体验区划分成了两个空间，一种是可灵活调整摆放组合的制作台，一种是带有升降桌的榻榻米空间。可组合的制作台能应对不同的教学活动，榻榻米制作区的升降桌放下后可供大型折纸使用。

作品：《纸艺体验馆》 作者：双悦 学号：20123015117 导师：翁威奇

联系方式
电话：13631341110
微信：sherry304-

翁威奇点评

1. 选题背景与意义

“纸艺体验馆”是一个供社会大众了解纸文化、学习纸艺制作、体验纸艺设计氛围的创意空间，其建设在国内尚无可供参考的实际案例。

纸是中国的四大发明之一。人类文明社会对纸的艺术塑造历来已久，从东方的平面或立体的剪纸、折纸、纸扎（彩灯、风筝等），到西方二维或多维的剪影画、纸拼贴、纸浆构成艺术，纸艺伴随现代艺术的发展逐渐进入了新的阶段，其艺术表现形式和手段也更加多样化。

促进传统文化的发展是非常具有社会价值的。该生想通过“纸艺体验馆”这一载体，唤醒大众对中国传统艺术发展的关注，让其了解纸艺并对纸艺产生兴趣。该建筑既丰富了人们的精神文化生活，也为传统文化的发展和传播提供了有利的场所，这是该选题的意义。

2. 设计重要环节与关键点

（1）调研分析。

设计前的调研分析对于设计结果是具有指导性意义的，在设计选址调研时需要考虑到项目地理位置的优劣以及选址对项目的终极意义是否能提供有利条件。在导师的指导下，该生根据项目的主旨，对多个场所进行了调研，根据现实意义和可行性将调研得出的结果进行对比和优选，做了大量的工作，最后选择了位于广州市文化馆旁的 TIT 创意产业园，因为这是一个文化和创意产业的聚集地，附近文化馆的活动也非常丰富，能为该区域聚集多层次的文艺人群，对项目的意义起到现实的有利作用。

（2）设计要点。

该设计方案主旨是打造一个以纸艺为主题的趣味空间，并使之契合纸艺创作和便于传播纸艺文化。为了让受众更好地体验纸艺创作，方案中将纸艺制作时的各种形态转化为空间设计的语言，使空间的界面与纸艺创作融为一体。例如入口接待区的流水台和制作区的桌子借鉴了纸带的折叠状态，两个制作体验区中间的隔断采用了纸雕的制作特性等。该设计将纸艺制作时的形态和空间契合，使得空间的功能美与形式美有机结合，提升了纸艺创作的艺术氛围，为纸艺的发展与传播创造了良好的场所。

双悦同学的设计概念和设计效果配合较好，表现手法熟练，空间的衔接和细部的处理也比较到位。

苏临状作品

華南農業大學
SOUTH CHINA AGRICULTURAL UNIVERSITY
艺术学院
COLLEGE OF ARTS
2016届`毕业展
EXHIBITION 2016
环境设计系
ENVIRONMENTAL DESIGN
茶趣 水上茶馆设计
华南农业大学湿地公园水上茶馆设计方案
South China Agricultural University Wetland park
Water the teahouse design scheme
一、设计背景 DESIGN BACKGROUND
茶文化在我国已经拥有五千多年的历史文化，作为发源地发展至今茶文化已是我国民族文化重要的宝魁。茶馆在人们生活中的不同时期扮演着不同的角色：说教、品茶、商谈等。随着改革开放，人们接触外来新鲜事物越来越多,在饮食上的选择性越来越大，特别是年轻主体一代人群对茶文化越来越模糊，另外目前国内茶行业市场受到跨界和互联网的影响，导致茶产量过剩及市场低迷走向，开发年轻人茶消费和茶文化体验是当下缓解茶市场的重要方法。而开发年轻人市场的重要前提是设计出吸引年轻人的茶馆。
二、项目地址 THE PROJECT ADDRESS
项目选址位于广东省广州市天河区华南农业大学日常人流量较大的湿地公园湖面上，功能上既可以满足品茶，休闲和社交娱乐等。
三、地块分析 PLOT ANALYSIS
交通干道
周边建筑
绿化湖水
人群分布
四、周边茶馆对比分析 COMPARISON AND ANALYSIS
八百秀才茶馆
八百秀才茶馆位于华南农业大学校内，茶馆三层高集办公空间、会客空间和集体活动空间为一体，整体以刷白墙为主，空间布局及墙面设计布置过于简单，缺乏设计感及茶文化的精神传达。
隐身茶室位于华南农业大学校内钢铁研究所创意园区，交通不便，周边人流量少，室内主要是以刷白墙和钢结构为主，形式传统和氛围沉暗。
水上茶阁
水上茶阁位于湿地公园，交通便利，水上茶阁外观独特，功能空间能够满足更多的年轻人的消费需求和生活体验，且是漂浮在水面上，完全区别于传统的茶馆设计理念和手法。
华南茶庄
面积过小，整体设计过于传统和商业化，完全无法体现茶文化精髓。
地理位置不明显，面积过小，整体设计过于传统和商业化，更像单纯的卖茶叶产品的店面。
五、设计定位 DESIGN POSITIONING
设计项目人群定位以年轻人为主，打破传统茶馆模式，将茶馆设计在湖面上分别设计湖面固定茶馆及水上自浮动茶馆，将品茶、休闲、打坐、互动，戏水等功能结合一体，独特的外观设计结合模块化的水上茶阁，满足年轻人的消费需求及环缓解当下茶市场的低迷状态。
鸟瞰图
效果图
六、元素提取 ELEMENT EXTRACTION
七、形体演变 FORM EVOLUTION
八、单体组合形态 COMBINATION CONFIGURATION
九、平面图 THE FLOOR PLAN
十、天花结构图 SMALLPOX FIGURE

十一、效果图 RENDERING
室内效果图
十二、人流动线分析 FLOW LINE ANALTSIS
单体动线
固体动线
十三、功能分区 FUNCTIONAL PARTITION
十四、剖面图 PROFILE
室外效果图
单体效果图
十五、立面图 ELEVATION
室外效果图
作品：《茶趣》
作者：苏临状
学号：201230151118
导师：翁威奇
联系方式
电话：13539887051
微信：linzhuang0808

翁威奇点评

1. 选题背景与意义

茶发源在我国，饮茶的习俗历史悠久，茶文化是我国民族文化重要的瑰宝。茶馆在人们生活中的不同时期扮演着不同的角色，如说教、品茶、商谈场所等。改革开放后，人们接触越来越多外来新鲜事物，在饮食上的选择性越来越大，年轻一代人群对茶文化印象越来越模糊；另外目前国内茶行业市场受到跨界和互联网的冲击，导致茶产量过剩及市场走向低迷。促进年轻人对茶的消费和提供茶文化体验，具有文化传承意义和茶产业经济推动意义，既能缓解当下茶市场的问题，又能传承传统文化。而开发年轻人市场的重要方法是设计出吸引年轻人的茶馆空间。

国内目前的茶馆空间设计大多数都继承传统中式的设计手法。该生在调查数十家茶馆后发现形式的雷同性非常高，功能上也没有大的创新。而在互联网发达的当下，年轻消费群体的消费观念更追求新颖、个性化，所以突破传统的茶馆空间，以独特的设计去迎合年轻消费群体是刺激消费的重要举措。

该毕业设计方案选址在公园湖面上，且大胆探索了湖面上的模块组合设计，形成固定和移动模块的茶馆形式，更融合湿地公园的娱乐、休闲和社交功能，极大发挥了一名设计专业学生理论和实践的大胆创新探索精神。

2. 设计重要环节与关键点

（1）调研分析。

对于现有茶馆的设计分析和当下年轻群体的消费喜好分析是该设计的重要环节，许多学生在做设计时往往忽视或有意回避这一关键环节。该生花了一个月的时间，采用实地测量、拍照采样、采访等方式展开了近30家茶馆的空间调研，并撰写分析报告，报告内容包括茶馆的空间、硬装、软装、灯光、经营模式、发展情况等，为下一步的茶馆形态和消费趣味点设计提供了依据。

（2）调研相关资料，提出方案模型。

该生的调研分析得出以下结论：年轻人的社交生活是茶消费的重要动力之一，并在此基础上提出了模块化、可移动化的水上社交品茶空间理念，该理念的实践选址与华南农业大学湿地公园的环境相符合。他还对湿地公园的环境进行了优化，达到了茶馆空间的融合，并整体升级了湿地公园功能性。

该生将学校专业知识与市场运作相结合，运用专业知识去思考市场中存在的问题，并使用专业知识去解决市场所遇到的问题，这种思考方式更贴近市场上的设计机构的思考工作模式，也为毕业生未来能够很好地适应市场需求提供了一个范例。

邓玉玲作品

华南农业大学艺术学院 2015届环境艺术设计系毕业作品展示
MY FISHPOOD
PARENT-CHILD
主题餐厅
鱼乐
MY FISHPOOD
亲子主题餐厅
MY FISHPOOD
亲子主题餐厅方案设计
手机里一直有一个小游戏叫"My Fishpood"，这款游戏就是在自己的鱼塘里买鱼来饲养,定期的收获出售，就像自己真的有了鱼塘在经营，虽然游戏很简单不需要花费脑力，但正因为很轻松，有很长段时间一直在玩它。
于是在想毕业设计主题时，突然想到鱼塘这样的情景，一对父子坐在池边手握鱼杆，安静的享受着属于这一刻的悠闲时光。
INSPIRE｜设计启发
需要打造一个怎样的主题餐厅呢？
DESIGN ANALYSIS INFORMATION
設計分析
项目地址：
广东省开平市长沙三埠区益华广场
设计理念：
设计说明：
COLOR ANALYSIS｜色彩分析
01 接待处草图构思
02 餐厅亲水平台草图构思
03 卫生间草图构思
04 过道草图构思
CONCEPTUAL ANALYSIS｜概念分析
亲子
鱼塘
互动/体验
空间
THOUGHT ON DESIGN｜设计思考
餐饮
一般餐饮空间
主题餐饮空间
购物
展示
教育
亲子
环境
娱乐
为什么要在一个主题餐饮空间做展示购物空间？
1、先决定菜系
2、进行装饰设计
1、先确定主题思想
2、让菜系和装饰等都围绕这个主题而表现
DESIGN PLANS 設計平面圖
建立品牌形象——温馨、亲情、友爱和默契
To establish brand image, warmth, affection, love and understanding
DESIGN CONCEPT ELEMENT｜设计概念元素

郑欣点评

该设计方案主题鲜明，以“鱼乐”为设计主题，强调亲子互动。它以具有标志性的湖水绿色为主要色调，色彩饱满、亮丽、清新自然，营造清雅怡人的氛围。方案表达完整合理、造型简洁，室内空间形态富有创意，设计概念和设计效果配合比较好，设计执行能力较强。

雷庆华作品

华南农业大学艺术学院
2015届环境艺术设计系毕业作品展示
项目概况
场地分析
华南农业大学启林区校园景观设计
SOUTH CHINA AGRICULTURRAL UNIVERSITY LANDSCAPE DESIGN
设计思考
校园景观
增强流动
驻足欣赏
设计任务
Design Tasks
设计定位
Design Positioning
设计目标
Design Goals
平面分析
总平面图
节点关系
中心广场设计
设计说明
剖面关系

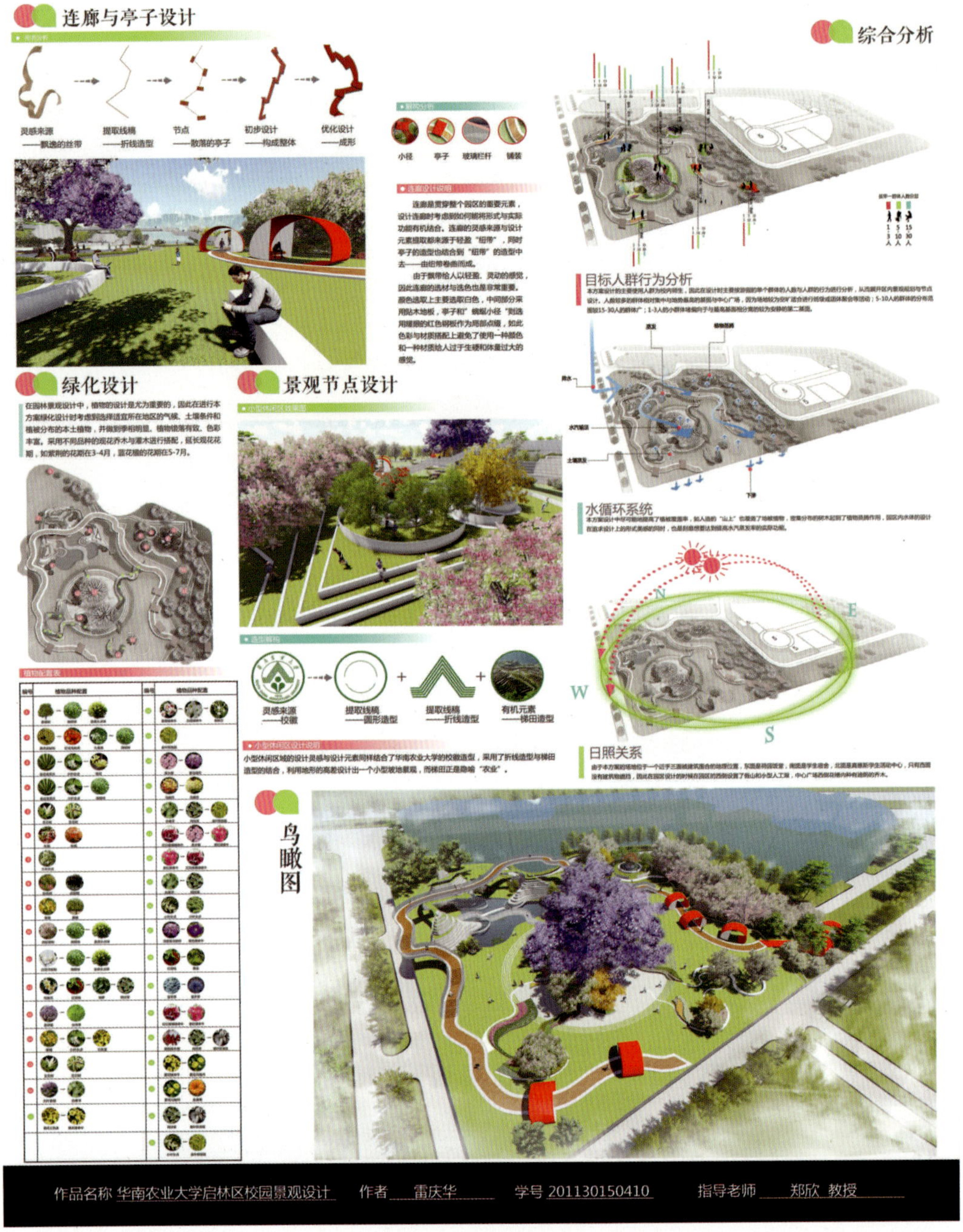

郑欣点评

该方案的整体设计合理，图纸表述完整，设计层次丰富。该方案充分考虑了地形高低起伏的特点，选取圆形、折线、自由曲线和不规则的线条，构成一个层次丰富的校园景观。方案中的连廊是贯穿整个景观的重要元素，给人轻盈、灵动的感觉。整个设计方案功能分区明确，空间动线流畅，标识明确清晰。

杨嘉慧作品

华南农业大学艺术学院 2015届环境艺术设计系毕业作品展示

冰·碰撞——JNBY「江南布衣」女装专卖店设计方案.

JNBY clothing store design.

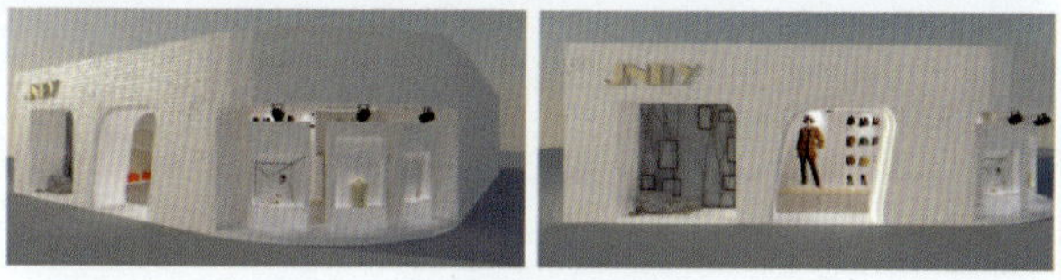

JNBY介绍

品牌介绍："JUST NATURELLY BE YOURSELF"，即"自然，自我"的品牌理念。服装上多用不同肌理、风格的纯天然面料，全情演绎与自然相融的理念；款式设计强调单品之间丰富，为穿着群体留下服饰搭配的再创空间。

品牌分析：江南布衣品牌设计定位于年龄在20至35岁之间，崇尚简单明快生活方式的都市知识女性，超越衣橱概念，追求意趣生活的内敛知性女性群体。

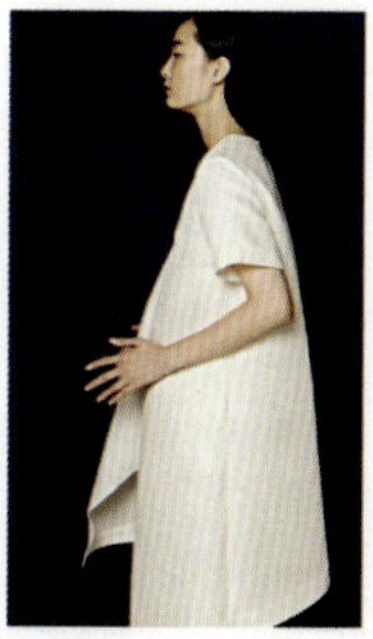

前期调研：

区位环境：东方宝泰购物广场坐落于广州最繁华的天河北CBD商业圣地，与拥有广州新羊城八景之一的"天河飘涓"东站水景瀑布及东站绿化广场融为一体。

地理位置：该改造方案位于广州市天河区广州东站东方宝泰商城B1楼，占地面积165平方米。

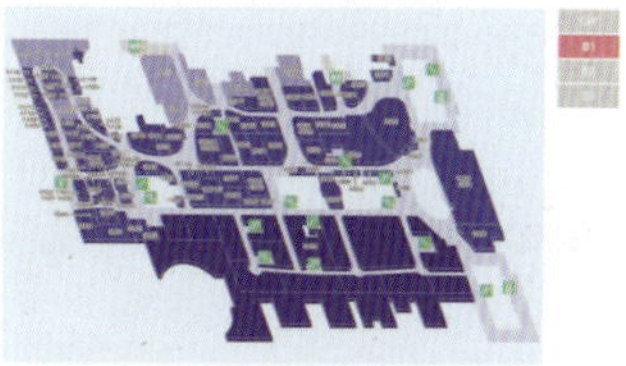

灵感来源：江南布衣女装设计风格以简约灵动为主，提倡对于原始质感和肌理的元素提取，我的设计灵感来源于中国传统文化中的"冰裂纹"也就是开片原，古代龙泉青瓷中的一个品种，因其纹片如冰破裂，裂片层叠，有立体感而称之。

设计说明：本方案通过锐角与圆角相结合的设计方式，表现出化腐朽为神奇的残缺之美，空间以白色调为主，通透空灵，和现代设计相融合；通过纹理交错的方式，逶迤远去，达到让人产生无穷联想的效果。

方案设计说明

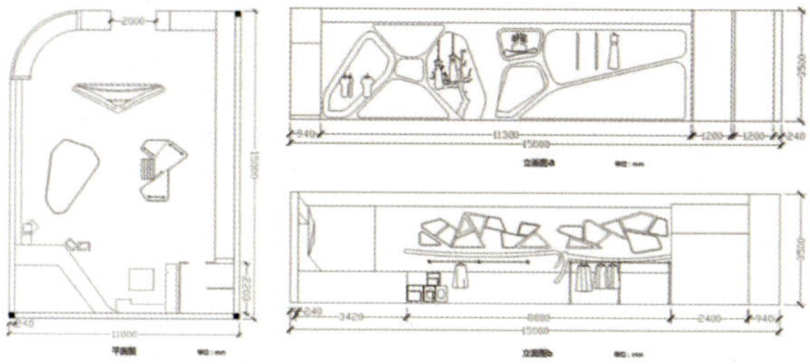

尺寸图 & 设计分析图

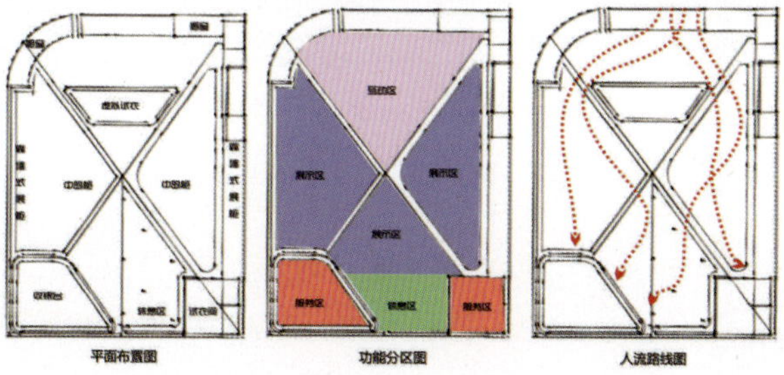

母题元素演变：

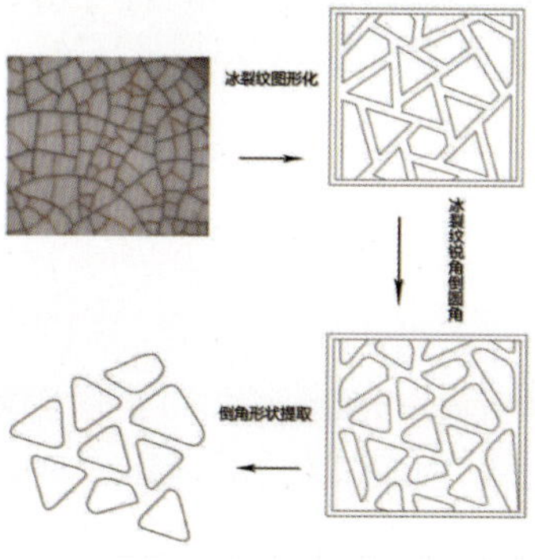

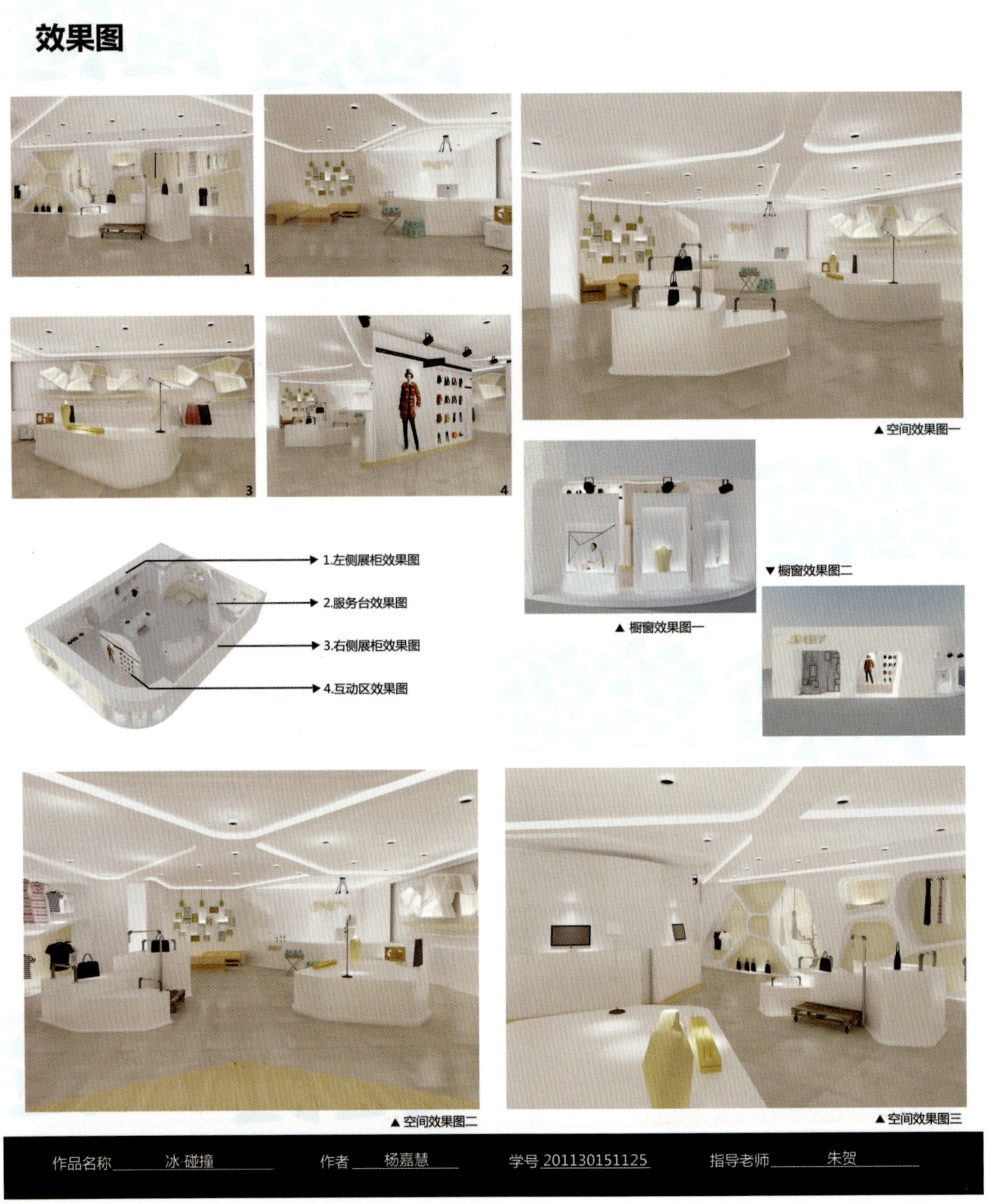

朱贺点评

该方案结合设计目标的品牌定位，通过调研具体地块现状，提出“冰裂纹”设计母题元素，并在空间围合物（天花、墙面和展具）和功能分区中合理运用母题元素的变形形式，使得空间印象既统一又富于变化。若在地面材质的选择上再有所思考，则效果更佳。

陈嘉荣作品

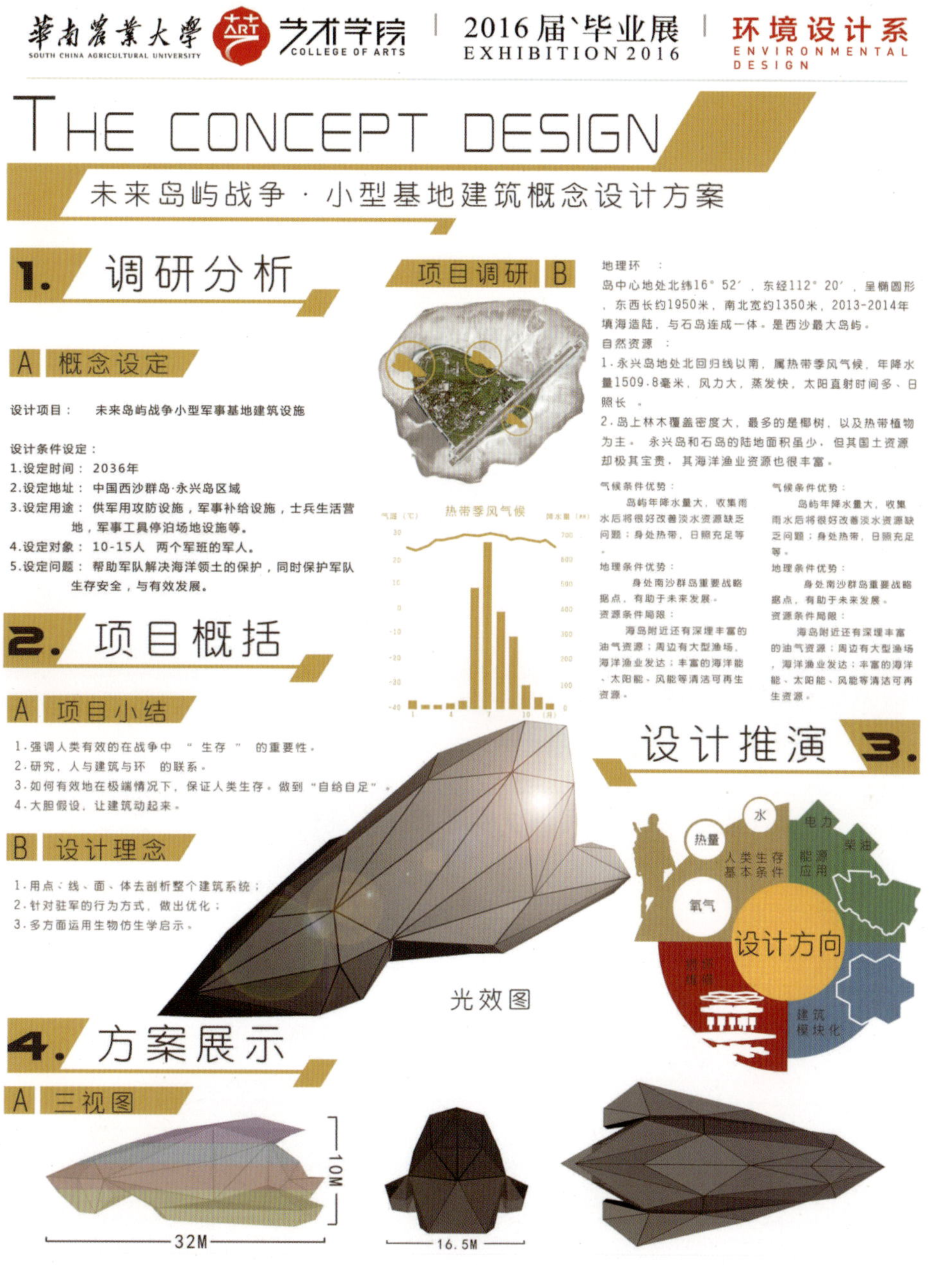

朱贺点评

该设计属于2016届毕业生作品中少见的概念设计方案，围绕现有技术的发展并结合可预期的未来趋势展开一定的思考，通过相关条件模拟，在现代信息和仿生技术背景条件下，突出“人本”主义精神，提出“人—机（建筑）—环境”相融合的概念建筑设计方案，值得鼓励和提倡。

B 平面布置图

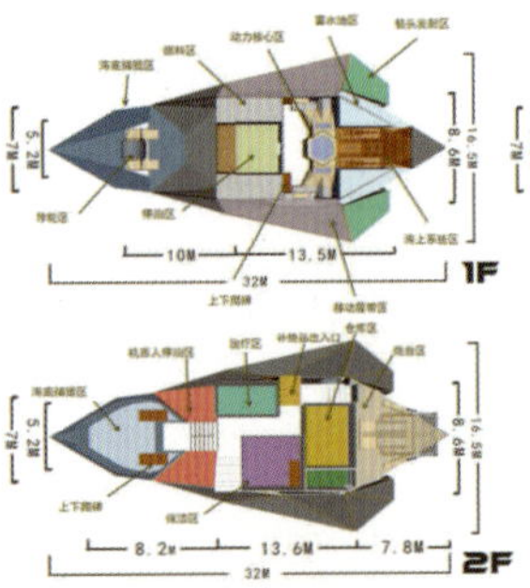

细节分析图 C

点

装甲层

表层装甲以大板块彼此拼接构成装甲层；每块大板块，都是由六角形小装甲板块，以蜂窝状并列所构成。

仿生学设计

模仿穿山甲的表层鳞片，高密度的点状板块构成大板块；

1.有效保护建筑钢架结构；

2.战损部位可以简易维修；

3."从点构成面，点可具有多样性"。

线

太阳能缝隙板

装甲层在板块之间的"衔接缝"中，运用新型材料制作"太阳能缝隙板"。

设计理由：

安全——"太阳能缝隙板"宽度为4CM，因为其微小，所以对于子弹，爆炸，燃烧带来的损害也不能造成致命打击。

并联——即使有一部分受损，但是不影响整体运作。

面

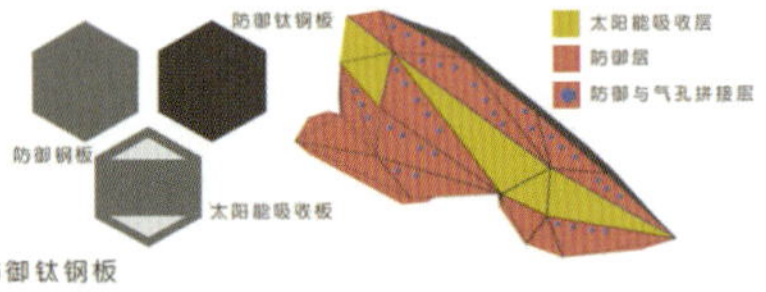

防御钛钢板

主要以防御，抗打击性能为主

智能气孔板

主要以交换室内空气，加强室内自然光为主，但遇到突发情况会合并气孔。

太阳能吸收板

主要以吸收太阳能为主，表层以防弹玻璃为主，防御性降低

体

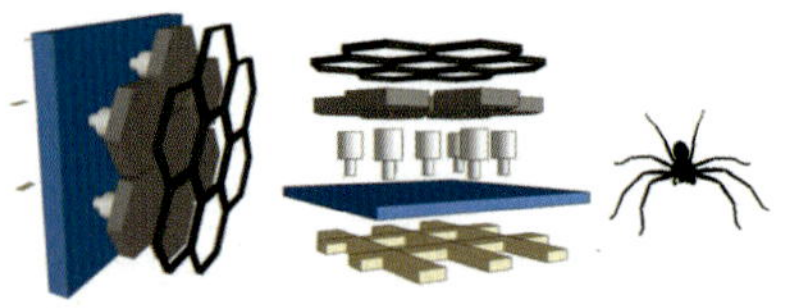

装甲板分层

装甲板主要以4层组装形成

第一层、六角形钢框架层；

第二层、六角形装甲板层；

第三层、钢板层

第四层、十字钢架层；

仿生学设计

模仿蜘蛛网的架构，双层网状层包裹，提高装甲层的抗打击能力。

1.网状结构可以缓冲，爆炸冲击；

2.战损部位可以简易维修；

3."从点构成面，点可具有多样性"。

D 介绍系统

多功能钻头

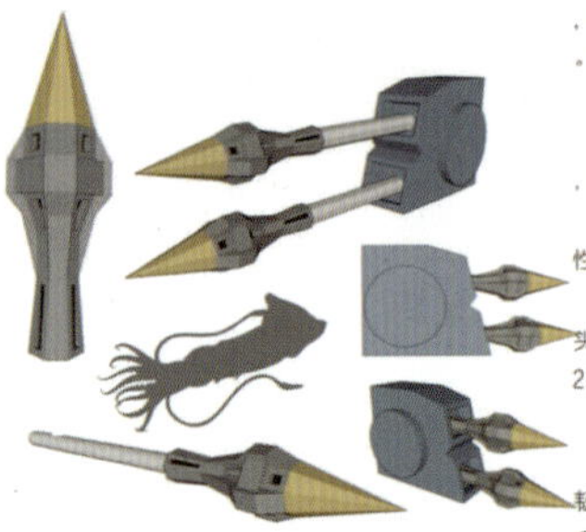

智能多功能钻头，通过电脑控制，远程操控钻头，辨认出适当的路线。钻头配合可塑性软管与建筑连接。

设计细节：

1.钻头具有12个大小不一的孔，用于吸水和吸气、排气；

2.软管不仅可塑性强，而且韧性极强，适应钻探产生的摩擦；

3.钻头发射装置可装载2个钻头，最长延伸长度分别为150M与250M；

设计灵感：

仿生学，收到乌贼的启发，柔韧强力的触手用在钻头的软管部分；乌贼触手端头，有许多吸盘，从而演变成具有吸收能力的钻头。

海底捕猎系统

当建筑受损只能漂浮在海面上，需等待救援补给，海底捕猎系统，会伸出机械臂。通过，捡取海底甲壳类动物、采摘海底藻类、捕抓小型鱼群。从而得到人类生存的蛋白质来源。

机器人捕猎系统

当建筑受损只能停留在岸滩上，需等待救援补给，机器人捕猎系统。通过，投放智能机器人，侦查周边环，潜入海底狩猎。从而得到人类生存的蛋白质来源。

建筑供水系统

建筑用海水转化为饮用淡水，通过灵巧的钻头管道，吸收海水供正常运作使用。

运作原理：

钻探通道——吸收海水——过滤海水——机械用水——冷却蒸馏——转化饮用水。

设计理由：

1.埋地的管道，具有隐蔽性；

2.应急能力优秀，提供更大的生存机会；

3.比载运式补给，更有效率。

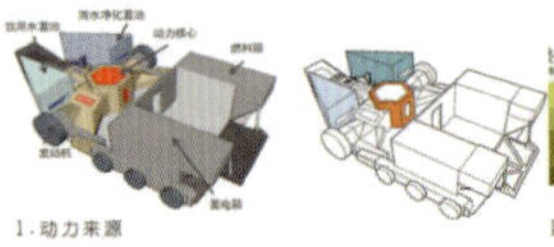

1.动力来源

动力的核心能源以"柴油与电力"混合使用产生能量。

柴油——自身储备，有限。

电能——太阳能，无限。

2.热运作系统

机械发动产生的热能，经过处理，转化为"生活用能量"。

蒸馏——通过海水冷却，变为蒸馏海水，最后达到海水净化目的。

蒸汽——冷却产生的蒸汽，可用于炊事或热水等方面。

3.海水净化流程

吸入海水——过滤海水——冷却机器——产生蒸汽——蒸馏——进入饮用水池

建筑呼吸系统

假如爆发战争，建筑受到"真空炸弹""毒气弹"袭击：

1.智能钻头，可以通过钻探更远的地表层，解决战斗中，室内氧气量问题；

2.在机动层具有驱散毒气风机，钻头以毒气弥漫的反方向发掘新的呼吸点；

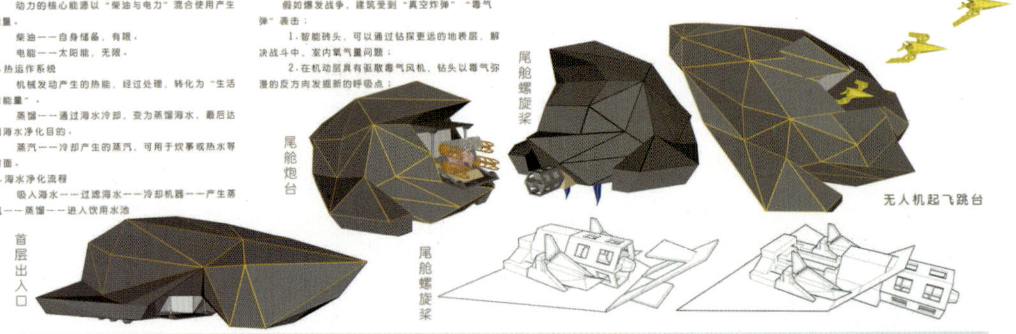

作品：《未来战争概念建筑》 作者：陈嘉荣 学号：201230150303 导师：朱贺

联系方式
电话：18664045159
微信：CarrenMaxwell

陈涵、李倩倩作品

1. 修复

二 现场调研
2.2 现状分析
标识
以图示的两个翁仲为宗祠广场的界限，已经被村民搭建的简易房包围，本来具有标识性的结构，如今看起来并不明显，需要仔细的寻找观察才可以找得到。广场上搭建的很多简易房，广场规划时可拆除部分。
图1
图2
宗祠正面
广场
广场
陈氏宗祠原状平面图（截取部分）
（图片均来源：作者自摄）
（图片均来源：作者自摄）

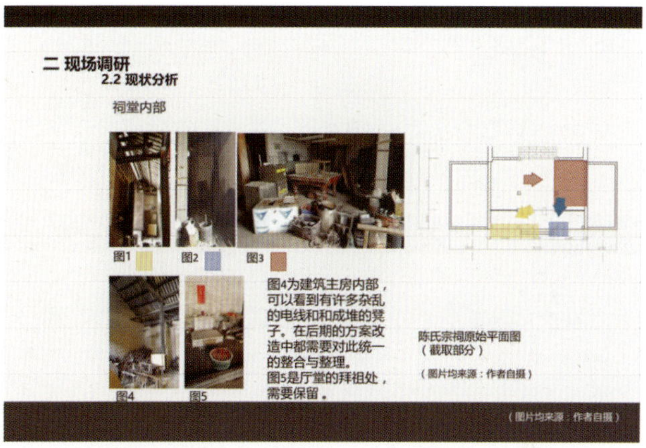
二 现场调研
2.2 现状分析
祠堂内部
图1
图2
图3
图4为建筑主房内部，可以看到有许多杂乱的电线和和成堆的凳子。在后期的方案改造中都需要对此统一的整合与整理。
图5是厅堂的拜祖处，需要保留。
图4
图5
陈氏宗祠原始平面图（截取部分）
（图片均来源：作者自摄）
（图片均来源：作者自摄）

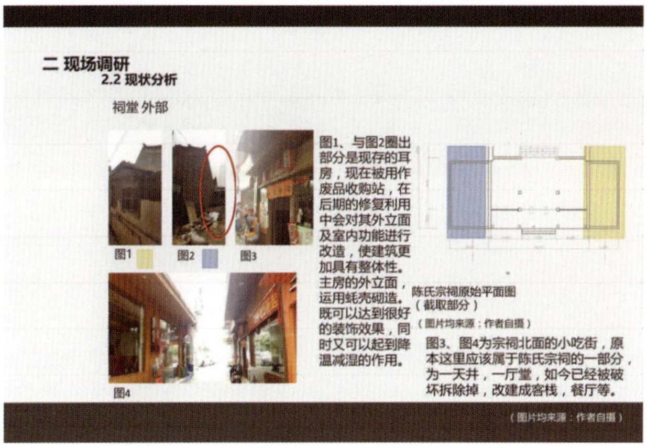
二 现场调研
2.2 现状分析
祠堂 外部
图1
图2
图3
图4
图1、与图2圈出部分是现存的耳房，现在被用作废品收购站，在后期的修复利用中会对其外立面及室内功能进行改造，使建筑更加具有整体性。
主房的外立面，运用蚝壳砌造。既可以达到很好的装饰效果，同时又可以起到降温减湿的作用。
陈氏宗祠原始平面图（截取部分）
（图片均来源：作者自摄）
图3、图4为宗祠北面的小吃街，原本这里应该属于陈氏宗祠的一部分，为一天井，一厅堂，如今已经被破坏拆除掉，改建成客栈，餐厅等。
（图片均来源：作者自摄）

三 方案设计
3.1.1 局部修复策略
由于长时间裸露在外，可以看到龙船脊的船头已经不见。山墙的花纹也需要依照原样式绘制，要注意的是所选材料需要更好的防潮防腐性能。许多瓦片、瓦当和滴水也已经遭到破坏，需要在拆除前进行详细的记录，依照原样式进行更换和补齐。
修复方法:首先将灰塑表面污迹进行清理，将灰塑风化酥碱层剔除，对灰塑进行排盐处理。对灰塑的裂缝、空鼓用桐油灰浆灌浆并修补。按照灰塑图形原状记录，用纸筋灰对灰塑残损、残缺的部分进行修补或按原样重做，按照灰塑原状色彩记录，用天然颜料和石灰膏，制作色灰，用上述色灰对灰塑表面进行抹灰。按照灰塑原状色彩记录，用相应的天然颜料对灰塑上色。
元始梁公祠山墙花纹样式
屋脊
瓦当
滴水
（图片均来源：作者自摄）

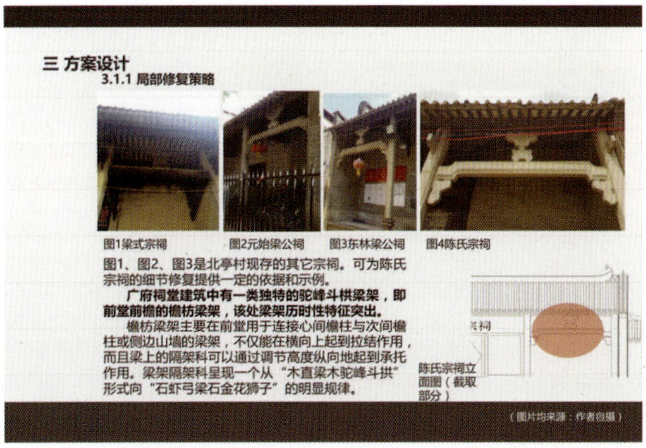
三 方案设计
3.1.1 局部修复策略
图1梁式宗祠
图2元始梁公祠
图3东林梁公祠
图4陈氏宗祠
图1、图2、图3是北亭村现存的其它宗祠。可为陈氏宗祠的细节修复提供一定的依据和示例。
广府祠堂建筑中有一类独特的驼峰斗栱梁架，即前堂前檐的檐枋梁架，该处梁架历时性特征突出。
檐枋梁架主要在前堂用于连接心间檐柱与次间檐柱或侧边山墙的梁架，不仅能在横向上起到拉结作用，而且梁上的隔架科可以通过调节高度纵向地起到承托作用。梁架隔架科呈现一个从“木直梁木驼峰斗拱”形式向“石虾弓梁石金花狮子”的明显规律。
陈氏宗祠立面图（截取部分）
（图片均来源：作者自摄）

三 方案设计
3.1.1 局部修复策略
图1陈氏宗祠
图2东林梁公祠
图3元始梁宗祠
图4梁式宗祠
图5显扬梁公家塾
前堂是祠堂最重要的感官视觉重点，大门作为祠堂的唯一或主要入口处成为一个祠堂的脸面，显然又是重中之重。
采用屋宇式大门的基本形式，采用梁架结构，上承屋顶，盖瓦起脊。都属于“三间一启门”的样式。大门两边都配有耳房。
（图片均来源：作者自摄）

三 方案设计
3.1.1 局部修复策略
建筑体正面外部砖墙破坏并不严重因此修缮工作相对比较简单，反而一些石雕被破坏。如墀头部分。西面墀头的部分外框脱落丢失。
修复方法：建筑墙面需进行清洗，粉刷绘制外墙花纹样式。
对于破坏严重的石雕，需要进行如下修复：清除修复部位的表层浮灰、油污和风化疏松物，保持表层干燥；基层涂透明封底漆或用白水泥浆、砂浆填充物找平整形，干燥后涂一遍封底漆；采用厚纸或木材预先刻制模板遮挡不需要修复的部位；将预先配制好的石浆涂料多次喷施于已干燥的修复的面层，每次喷施厚度≤1毫米，直至达到修复造形标准；待表层石浆涂料干燥后再喷一层防水面漆。
（图片均来源：作者自摄）

三 方案设计
3.1.1 局部修复策略
梁氏宗祠
东林梁公祠
元始梁公祠
陈氏宗祠门石枕
宗祠都有“门石枕”结构，分为左右两块，朝向门框内侧，可出竖向凹槽来安放门槛。由于位于门下轴，除了要固定门轴还要承受门的重量，因此一半用石料制作。
内侧门石枕一般不做装饰。外侧装饰花纹各异。其中梁氏宗祠的门石枕还雕刻成“抱鼓石”，外观优美。
（图片均来源：作者自摄）

二、利用

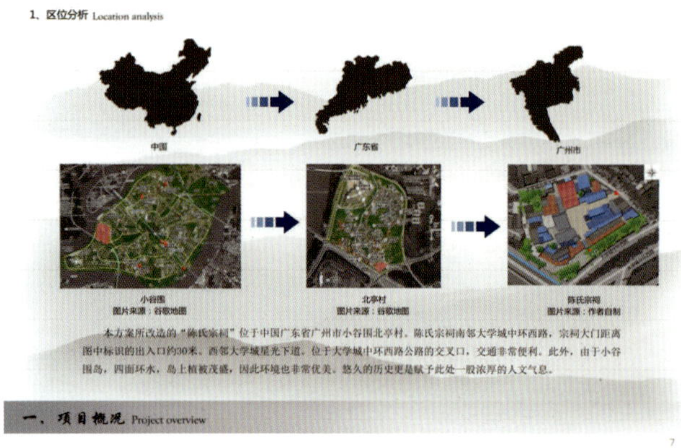
1、区位分析 Location analysis
中国
广东省
广州市
小谷围
图片来源：谷歌地图
北亭村
图片来源：谷歌地图
陈氏宗祠
图片来源：作者自制
本方案所改造的“陈氏宗祠”位于中国广东省广州市小谷围北亭村。陈氏宗祠南邻大学城中环西路，宗祠大门距离图中标识的出入口约30米。西邻大学城星光下道。位于大学城中环西路公路的交叉口，交通非常便利。此外，由于小谷围岛，四面环水，岛上植被茂盛，因此环境也非常优美。悠久的历史更是赋予此处一股浓厚的人文气息。
一、项目概况 Project overview
7

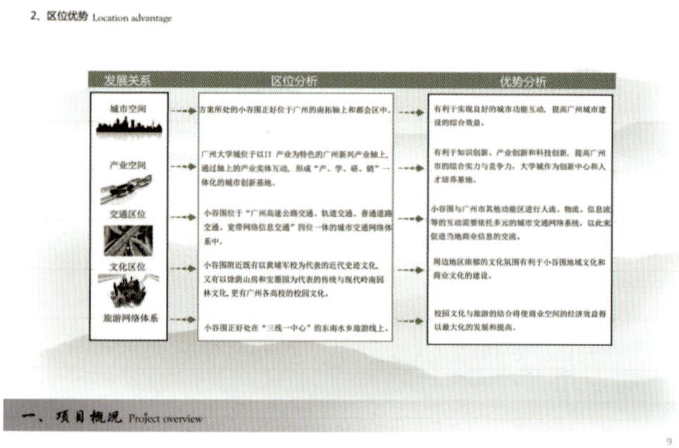
2、区位优势 Location advantage
发展关系
区位分析
优势分析
城市空间
方案所处的小谷围正好位于广州的南拓轴上和都会区中。
有利于实现良好的城市功能互动，提高广州城市建设的综合效益。
产业空间
广州大学城位于以IT产业为特色的广州新兴产业轴上，通过轴上的产业实体互动，形成“产、学、研、销”一体化的城市创新基地。
有利于知识创新、产业创新和科技创新，提高广州市的综合实力与竞争力，大学城作为创新中心和人才培养基地。
交通区位
小谷围位于“广州高速公路交通、轨道交通、普通道路交通、宽带网络信息交通”四位一体的城市交通网络体系中。
小谷围与广州市其他功能区进行人流、物流、信息流等的互动需要依托多元的城市交通网络系统，以此来促进当地商业信息的交流。
文化区位
小谷围附近既有以黄埔军校为代表的近代史迹文化，又有以馀荫山房和宝墨园为代表的传统与现代岭南园林文化，更有广州各高校的校园文化。
周边地区浓郁的文化氛围有利于小谷围地域文化和商业文化的建设。
旅游网络体系
小谷围正好处在“三线一中心”的东南水乡旅游线上。
校园文化与旅游的结合将使商业空间的经济效益得以最大化的发展和提高。
一、项目概况 Project overview
9

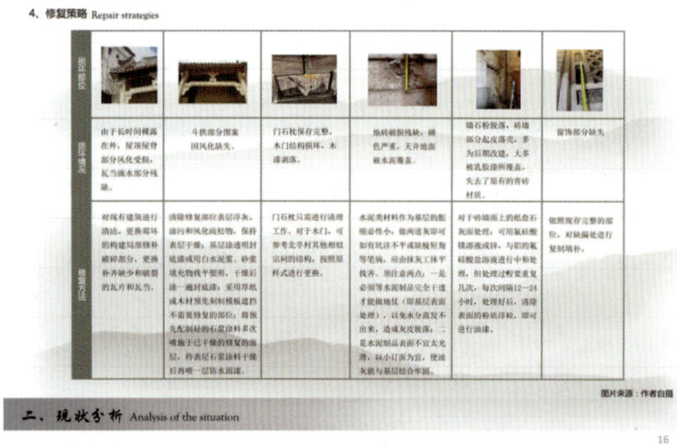
4、修复策略 Repair strategies
破坏部位
破坏情况
修复方法
图片来源：作者自摄
二、现状分析 Analysis of the situation
16

4、修复策略 Repair strategies
破坏部位
破坏情况
修复方法
图片来源：作者自摄
二、现状分析 Analysis of the situation
17

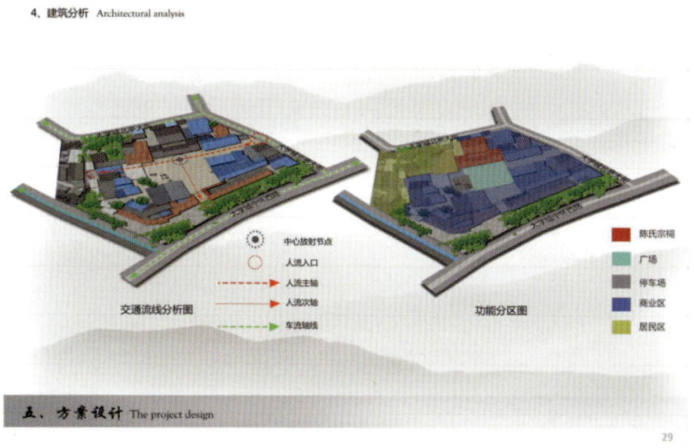
4、建筑分析 Architectural analysis
中心放射节点
人流入口
人流主轴
人流次轴
车流轴线
交通流线分析图
功能分区图
陈氏宗祠
广场
停车场
商业区
居民区
五、方案设计 The project design
29

4、建筑分析 Architectural analysis
五、方案设计 The project design
鸟瞰图
30

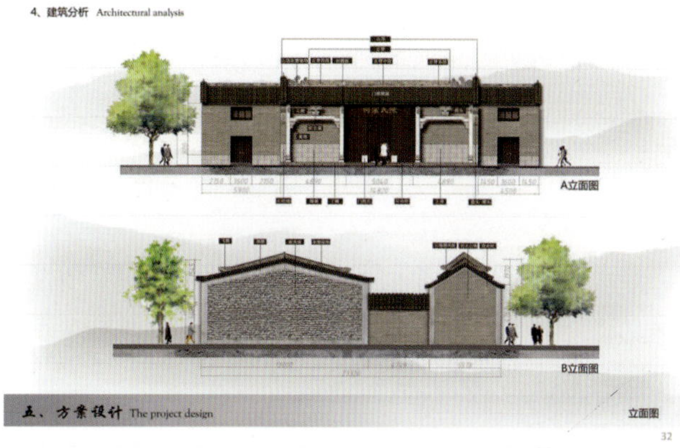
4、建筑分析 Architectural analysis
A立面图
B立面图
五、方案设计 The project design
立面图
32

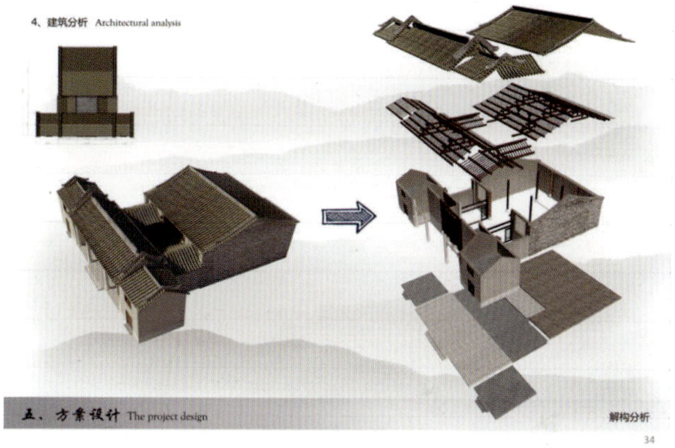
4、建筑分析 Architectural analysis
五、方案设计 The project design
解构分析
34

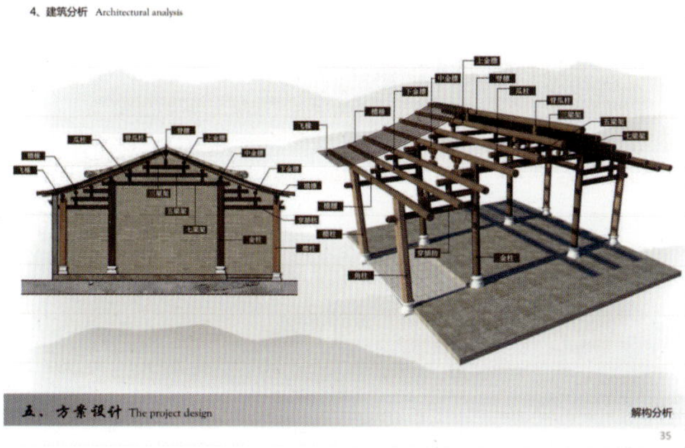
4、建筑分析 Architectural analysis
五、方案设计 The project design
解构分析
35

5、室内分析 Laboratory analysis
利用前
利用后
◆拆除原建筑上的铁皮屋顶后，天井与建筑更显得相得益彰，和谐统一，整个空间通透明亮，在两房适当增加两处小水景，与玻璃墙内的艺术装饰相互呼应，熠熠生辉。
五、方案设计 The project design
室内展示（天井）
39

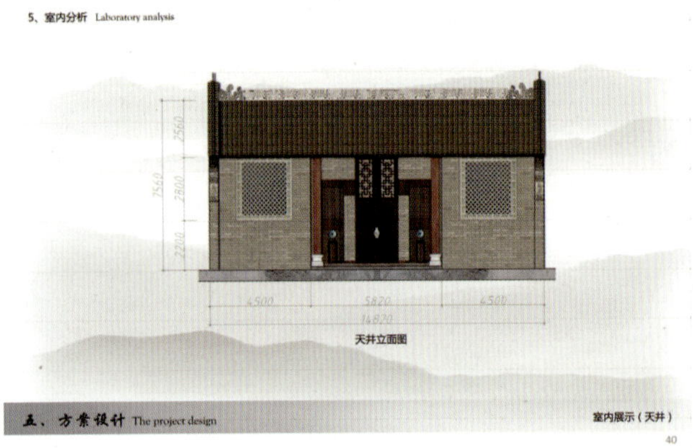
5、室内分析 Laboratory analysis
天井立面图
五、方案设计 The project design
室内展示（天井）
40

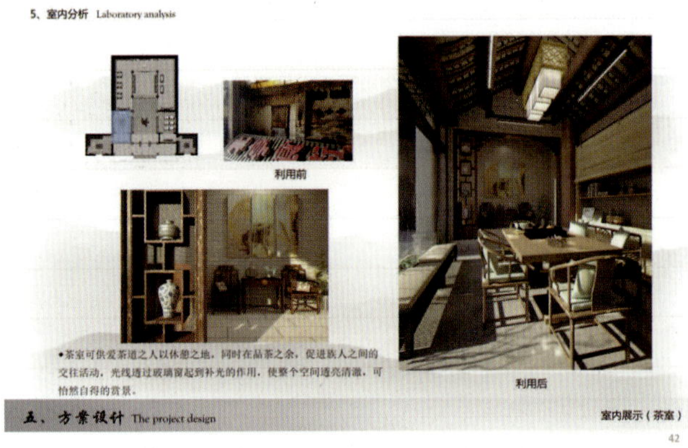
5、室内分析 Laboratory analysis
利用前
•茶室可供爱茶道之人以休憩之地，同时在品茶之余，促进族人之间的交往活动，光线透过玻璃窗起到补光的作用，使整个空间透亮清澈，可怡然自得的赏景。
利用后
五、方案设计 The project design
室内展示（茶室）
42

5、室内分析 Laboratory analysis
茶室立面图
五、方案设计 The project design
室内展示（茶室）
43

5、室内分析 Laboratory analysis
利用前
•影音室可供中老年人观赏影片，运用多媒体获取更多的外界信息来拓宽眼界，整个空间格调舒适宜人，人们可边饮茶边赏片，促进族内交流活动。
利用后
五、方案设计 The project design
室内展示（影音室）
44

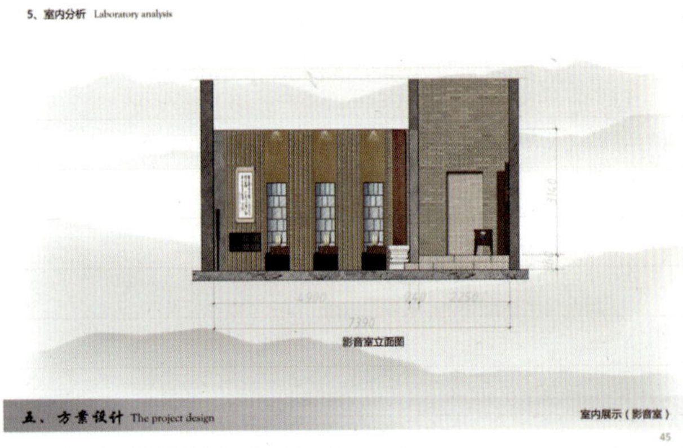
5、室内分析 Laboratory analysis
影音室立面图
五、方案设计 The project design
室内展示（影音室）
45

5、室内分析 Laboratory analysis
利用前
利用后
•在会客区安置艺术屏风，既达到简洁美观的效果，又达到划分空间的作用，整个空间庄重而富有古典韵味。
五、方案设计 The project design
室内展示（会客区）
46

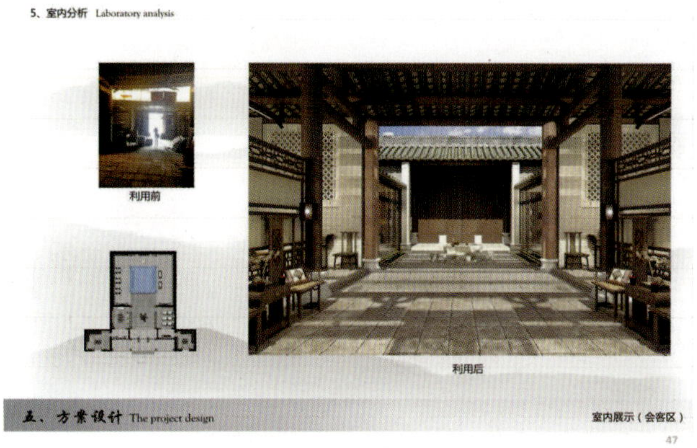
5、室内分析 Laboratory analysis
利用前
利用后
五、方案设计 The project design
室内展示（会客区）
47

5、室内分析 Laboratory analysis
利用前
•祭祀区与会客区之间用古色古香的屏风门来隔离，陈氏族人在特定节日可在此欢聚一堂，祭祀祖先，整个空间庄严整洁，井然有序。
利用后
五、方案设计 The project design
室内展示（祭祀区）
48

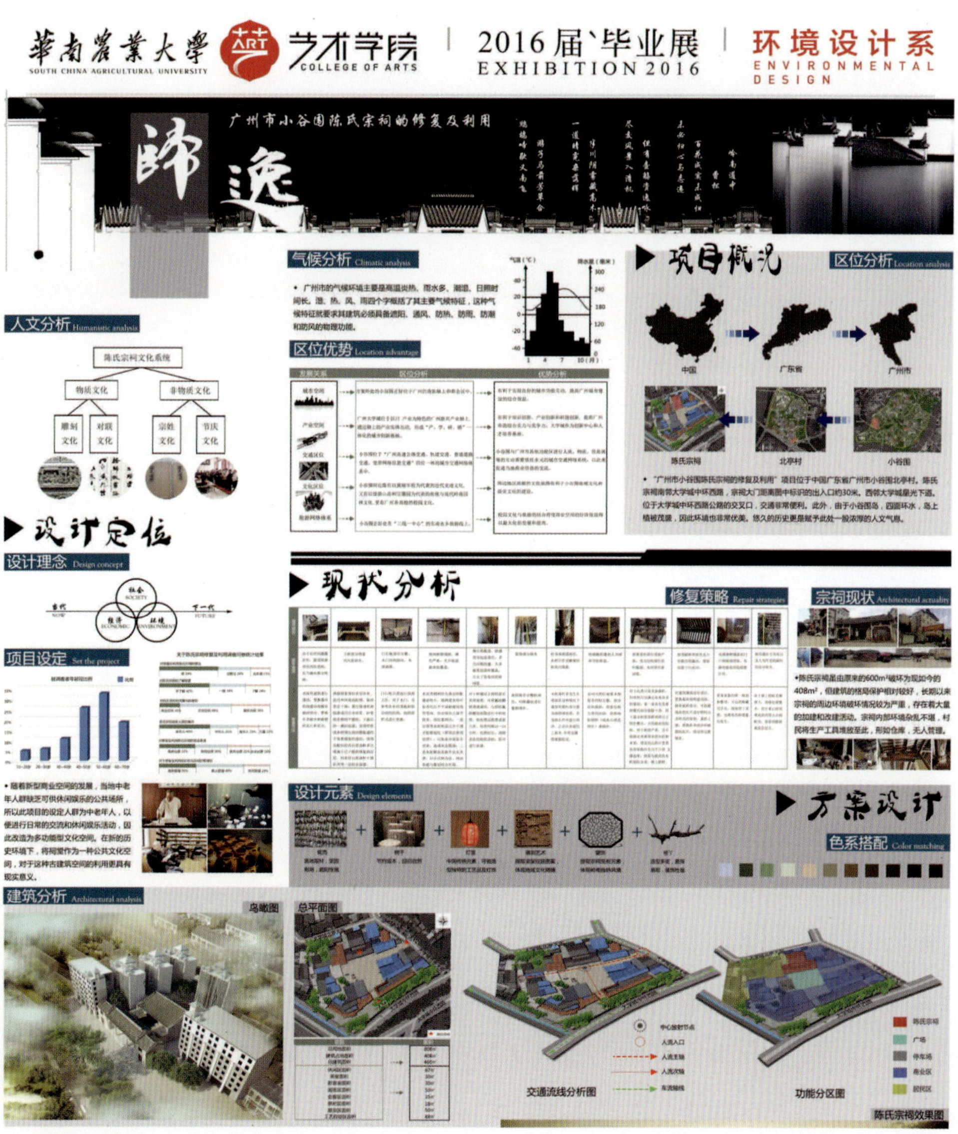
華南農業大學
SOUTH CHINA AGRICULTURAL UNIVERSITY
艺术学院
COLLEGE OF ARTS
2016届毕业展
EXHIBITION 2016
环境设计系
ENVIRONMENTAL DESIGN
广州市小谷围陈氏宗祠的修复及利用
气候分析 Climatic analysis
项目概况
区位分析 Location analysis
人文分析 Humanistic analysis
陈氏宗祠文化系统
物质文化
非物质文化
区位优势 Location advantage
中国
广东省
广州市
陈氏宗祠
北亭村
小谷围
设计定位
设计理念 Design concept
项目设定 Set the project
现状分析
修复策略 Repair strategies
宗祠现状 Architectural actuality
设计元素 Design elements
方案设计
色系搭配 Color matching
建筑分析 Architectural analysis
鸟瞰图
总平面图
交通流线分析图
功能分区图
陈氏宗祠效果图

立面图
A立面图
B立面图
日照主线
气流通向
陈氏宗祠效果图
平面分析
平面布置图
功能分区图
地面铺装图
天花布置图
人流路线分析图
活动密集分布图
解构分析图
室内展示 Indoor display
工艺自助区
天井
室内二层空间布局
室内一层空间布局
会客区
祭祀区
阅览区
展览区
设计说明
• 本方案以“归”和“逸”为主题，对广州市小谷围陈氏宗祠进行修复及利用。“归”即“回归”，希望族人的心灵回归至已被遗忘的陈氏宗祠，齐聚一堂，团结一心，勿忘祖训，颂扬宗族文化。“逸”即“安逸”，希望族人能在宗祠这一片心灵净土上得到逸然的享乐，让陈氏先辈在生活上增添一份舒然和趣味，能够陶冶情操，安享晚年。
本方案空间形制定位于多功能文化空间，在修复及利用中将保留陈氏宗祠建筑的基本空间形态，在修复完善的基础上，通过使用功能的改变，而获得新的空间形态；使用空间重组，打破原有的空间形态，使每个空间都能得到充分的使用，结合现代化元素，经过设计加以处理，在室内局部采用“加法”或“减法”来创造出新的空间形式和新的效果。
对于宗祠的高大净空，既充分利用保留宗祠固有形制，也为多功能文化空间设计提供了潜在可能性，减少了因后续空间的介入和对整个建筑环境所造成的干扰。因此，其设计遵循的是部分空间竖向设计的原则，即“向空间要面积”的设计手法。在新增的两处耳房增添独立夹层和楼梯这两种空间设施来完善空间布局形态，给空间制造一种戏剧化设计效果。
影音室
茶室
立面图
陈氏宗祠剖面图
厅堂A立面图
厅堂B立面图
茶室立面图
影音室立面图
工艺自助区A立面图
工艺自助区D立面图
玻璃墙剖面图
工艺自助区B立面图
工艺自助区C立面图
工艺自助区E立面图
作品：《 归•逸 》
作者：李倩倩
学号： 201230150114
导师：吴宗建
联系方式
电话：13560445400
微信：lqq941001

吴宗建点评

1. 选题背景与意义

岭南历史风貌建筑主要有两类：一是为适应地理气候等环境因素而形成的特色传统建筑，二是受外来文化影响的产物。岭南传统建筑除了将大家熟知的中国传统建筑样式与西洋风格结合外，还为适应该区域的地理气候环境而建造。广州市小谷围岛的北亭村里这一座近百年的陈氏宗祠建筑，即属于具有岭南民俗传统文化特征的历史风貌建筑。导师与学生到现场调研，发现其中保存完好的蚝壳墙就充分利用了当地材料建筑，厚约60厘米的承重墙起到很好的保温隔热作用。

岭南地区有大量反映时代精神和地域特色的历史风貌建筑，随着历史变迁和经济的迅猛发展，这些建筑或多或少遭到自然和人为的破坏，由于缺少保护意识以及相关法规条例，这些建筑面临着不小的威胁。

对历史风貌建筑的可持续利用研究与教学，是华南农业大学环境设计专业教育的特色之一。在导师的指导下，学生们把小谷围陈氏宗祠建筑的修复与活化作为毕业设计的选题，从而有充裕的时间对历史风貌建筑进行深入具体的分析。学生们查阅相关的文献资料，并对这类建筑的保护性利用进行初步的尝试。毕业设计成果为师生们对岭南特色建筑的研究积累了真实的案例材料，这是选题的最大意义。

2. 设计重要环节与关键点

（1）调研分析。

对项目的现场调研是修复与利用的重要工作，由于到现场调研既耗时又劳累，许多学生在做设计时往往忽视或有意回避这一关键环节。李倩倩和陈涵同学花了一个月的时间，采用实地测量、拍照采样、采访等方式作了大量的调研，一起撰写分析报告，报告内容包括祠堂历史、建筑损坏情况和目前使用状况评估，为下一步的修复和再利用提供了设计依据。

（2）查找相关资料，提出修复方案。

陈涵同学把对历史风貌建筑的修复作为毕业设计研究的重点，在设计成果中注重原建筑材料的应用以及修复上的工艺要求，尽量达到修旧如旧的效果。

（3）在修复后，提出再利用的方案。

李倩倩同学充分调研当地人的生活习惯和日常需要，在修复设计的成果上，提出利用宗祠建筑建设一个文化休闲活动空间，为社区的群众提供服务。

两位同学在前期调研上共同合作，又分别在建筑的修复与利用上有各自的侧重点，这样的方式得到导师的鼓励和支持。对于一些影响力较大、需要巨大工作量来完成的设计选题，由两三名毕业生组成毕业设计项目组完成基础工作，然后针对不同的方向进行研究，这种既合作又分工的方式比较贴近市场上设计机构的团队工作模式，也让毕业生更好地适应市场需要。